国家出版基金项目
NATIONAL PUBLICATION FOUNDATION

· 中国海洋产业研究丛书 ·

侍茂崇 主编

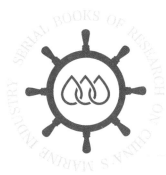

U0391263

海洋油气产业

发展现状与前景研究

李金山 ◎ 编著

SPM
南方出版传媒
广东经济出版社
· 广州 ·

图书在版编目（CIP）数据

海洋油气产业发展现状与前景研究／李金山编著．—广州：广东经济出版社，2018.5

ISBN 978－7－5454－6238－8

Ⅰ．①海… Ⅱ．①李… Ⅲ．①海洋石油工业－产业发展－研究－中国②海洋－天然气工业－产业发展－研究－中国Ⅳ．①P75

中国版本图书馆 CIP 数据核字（2018）第 082526 号

出 版 人：李　鹏
责任编辑：刘　倩
责任技编：许伟斌
装帧设计：介　桑

海洋油气产业发展现状与前景研究
Haiyang Youqi Chanye Fazhan Xianzhuang Yu Qianjing Yanjiu

出版 发行	广东经济出版社（广州市环市东路水荫路 11 号 11～12 楼）
经销	全国新华书店
印刷	广州市岭美彩印有限公司 （广州市荔湾区花地大道南海南工商贸易区 A 幢）
开本	730 毫米×1020 毫米　1/16
印张	13.25
字数	200 000 字
版次	2018 年 5 月第 1 版
印次	2018 年 5 月第 1 次
书号	ISBN 978－7－5454－6238－8
定价	66.00 元

总序

preface

侍茂崇

2013年9月和10月习近平主席在出访中亚和东盟期间分别提出了"丝绸之路经济带"和"21世纪海上丝绸之路"两大构想（简称为"一带一路"）。该构想突破了传统的区域经济合作模式，主张构建一个开放包容的体系，以开放的姿态接纳各方的积极参与。"一带一路"既贯穿了中华民族源远流长的历史，又承载了实现中华民族伟大复兴"中国梦"的时代抉择。

海洋拥有丰富的自然资源，是地球的主要组成部分，是人类赖以生存的重要条件。它所蕴含的能源资源、生物资源、矿产资源、运输资源等，都具有极大的经济价值和开发价值。21世纪需要我们对海洋全面认识、充分利用、切实保护，把开发海洋作为缓解人类面临的人口、资源与环境压力的有效途径。

我国管辖海域南北跨度为38个纬度，兼有热带、亚热带和温带三个气候带。海岸线北起鸭绿江，南至北仑河口，长1.8万多千米。加上岛屿岸线1.4万千米，我国海岸线总长居世界第四。大陆架面积130万平方千米，位居世界第五。我国领海和内水面积37万~38万平方千米。同时，根据《联合国海洋法公约》的规定，沿海国家可以划定200海里专属经济区和大陆架作为自己的管辖海域。在这些海域，沿海国家有勘探开发自然资源的主权权利。我国海洋面积辽阔，蕴藏着丰富的海洋资源。

自改革开放以来，中国经济取得了令人瞩目的成就。进入21世纪后，海洋经济更是有了突飞猛进的发展，据国家海洋局初步统计，2017年全国海洋生产总值77611亿元，比上年增长6.9%，海洋生产总值占国内生产总值的9.4%。同时，海洋立法、海洋科技和海洋能源勘测、海洋资源开发利用等方面也取得了巨大的进步，我国公民的海权意识和环保意识也大幅提高，逐渐形成海洋产业聚集带、海陆一体化等发展思路。但总体而言，我国海洋产业发展较为落后。而且，伴随着对海洋的过度开发，其环境承载能力也受到威胁。海洋生物和能源等资源数量减少，海水倒灌、海岸受到侵蚀，沿海滩涂和湿地面积缩减：种种问题的凸现证明，以初级海洋资源开发、海水产品初加工等为主的劳动密集型发展模式，已经不能适应当今社会的发展。海洋产业区域发展不平衡、产业结构不尽合理、科技含量低、新兴海洋产业尚未形成规模等，是我们亟待解决的问题，也是本书要阐述的问题。

海洋产业有不同分法。

传统海洋产业划分为12类：海洋渔业、海洋油气业、海洋矿业、海洋船舶业、海洋盐业、海洋化工业、海洋生物医药业、海洋工程建筑业、海洋电力业、海水利用业、海洋交通运输业、海洋旅游业。

有的学者根据产业发展的时间序列分类：传统海洋产业、新兴海洋产业、未来海洋产业。在海洋产业系统中，海洋渔业中的捕捞业、海洋盐业和海洋运输业属于传统海洋产业的范畴；海洋养殖业、滨海旅游业、海洋油气业属于新兴海洋产业的范畴；海水资源开发、海洋观测、深海采矿、海洋信息服务、海水综合利用、海洋生物技术、海洋能源利用等属于未来海洋产业的范畴。

有的学者按三次产业划分：海洋第一产业指海洋渔业中的海

洋水产品、海洋渔业服务业以及海洋相关产业中属于第一产业范畴的部门。海洋第二产业是指海洋渔业中海洋水产品加工、海洋油气业、海洋矿业、海洋盐业、海洋化工业、海洋生物医药业、海洋电力业、海水利用业、海洋船舶工业、海洋工程建筑业，以及海洋相关产业中属于第二产业范畴的部门。海洋第三产业，包括海洋交通运输业、滨海旅游业、海洋科研教育管理服务业以及海洋相关产业中属于第三产业范畴的部门。

根据党的十九大报告提出的"坚持陆海统筹，加快建设海洋强国"，我国海洋经济各相关部门将坚持创新、协调、绿色、开放、共享的新发展理念，主动适应并引领海洋经济发展新常态，加快供给侧结构性改革，着力优化海洋经济区域布局，提升海洋产业结构和层次，提高海洋科技创新能力。本丛书旨在为我国拓展蓝色经济空间、建设海洋强国提供一定的合理化建议和理论支持，为实现中华民族伟大复兴的"中国梦"贡献力量。

本丛书总的思路是：有机整合中国传统的"黄色海洋观"与西方的"蓝色海洋观"的合理内涵，并融合"绿色海洋观"，阐明海洋产业发展的历史观，以形成全新的现代海洋观——在全球经济一体化及和平与发展成为当今世界两大主题的新时代背景下，以海洋与陆地的辩证统一关系为视角，去认识、利用、开发与管控海洋。这一现代海洋观，跳出了中国历史上"黄色海洋观"与西方历史上"蓝色海洋观"的时代局限，体现了历史传承与理论创新的精神。

21世纪是海洋的世纪，强于世界者必盛于海洋，衰于世界者必败于海洋。

目录
contents

海洋油气产业发展现状与前景研究

第一章
认识石油

一、石油的出现

（一）发现石油

1. 谁最早发现和使用了石油？众说纷纭

按照中国的文献资料，最早有关石油的记载是《易经》中"泽中有火""上火下泽"的描述，人们认定，此为石油自燃现象的最早记录。假如此说法成立，那至少在3000年前，中国人就发现并记录了石油的燃烧事件。但是，也有相当多的人认为，最早发现和记载石油的是古代阿塞拜疆人；还有人认为是两河流域的苏美尔人；还有一些人认为是印度河流域、今天巴基斯坦境内的达罗毗荼人，他们在公元前4000年左右用沥青建造的浴室，已被考古学家发掘。

2. 谁最早打出原始的油井并开采了石油？争议同样不少

英国人李约瑟在《中国科学技术史》中认为，公元4世纪时中国四川使用竹竿钻井，获取石油，并以之为制盐的燃料。而西方有一些人则认为，早在2500年前的古代波斯首都苏撒附近的阿尔利卡地区，就出现了人类用手工挖成的石油井。这些关于早期石油发现和开发的资料，许多都只能供参考。如《易经》中记载的"泽火"，就很难断定究竟是石油、天然气还是沼气。

今天，我们看到前辈们可能有关石油的记载，是人类在探索地球成因的进程中，分别独立发现了关于石油的某些特性并加以——记录。于是就有了今天的"争议"话题，同时，也拉开了人类文明历史上对"石油"的研究和应用序幕。

（二）石油的命名

石油的命名，没有争议！石油是中国北宋的科学家沈括（公元1031—1095年）在《梦溪笔谈》中，根据这种油"生于水际砂石，与泉水相杂，惘惘而出"而命名的。在该名称出现之前，国外称石油为"魔鬼的汗珠""发光的水"等，中国称其为"石脂水""猛火油""石漆"等。

公元1080—1082年，沈括对石油资源的利用问题进行了考察。

北宋元丰三年（公元1080年）的一个寒冬，沈括在陕北地区巡察时，发现了一个奇怪的现象：在零下二三十摄氏度的低温环境下，陕北的居民在延河岸边搭起了一顶顶的帐篷；而更为奇怪的是，每个帐篷内热气腾腾，帐篷上空黑烟缭绕，帐篷四周的积雪均已融化。好奇的沈括进帐篷探查，发现当地人正从地下开采一种黑色液体，该黑色液体黏稠似胶，烧起来火很旺，他们称该液体为"石脂水"。如此神奇的液体从哪里来呢？它是何神秘物质呢？沈括决心通过亲自实地考察找到答案。经过深入细致的一番考察后，沈括发现这种当地人叫"石脂水"的黏稠似油漆的液体，是从岩石缝隙中缓慢溢出，并且同水、沙石混杂在一起，漂浮在山涧小溪的水面上。于是，沈括就给其命名为"石油"。

沈括不仅对石油命名，而且发现了石油的早期用途。他考察时发现，石油燃烧后积累的烟尘黑亮似漆，沈括带回去加工成墨，用来写字作画效果很好。

沈括对石油最大的贡献是预言其未来有巨大的作用。在《梦溪笔谈》中，他这样写道："鄜、延境内有石油……颇似淳漆，燃之如麻，但烟甚浓，所沾幄幕皆黑……此物后必大行于世，自余始为之。盖石油至多，生于地中无穷，不若松木有时而竭。"

（三）石油的早期用途

1. 国外石油使用记录

据文献记载，在公元前10世纪，四大文明古国的古埃及、古巴比伦和印度都有采集天然沥青，在建筑领域、防腐处理、装饰装潢、制药等方面进行应用。

在公元7世纪的拜占庭人将原油和石灰混合，点燃后用弓箭远射以攻击敌人。公元8世纪的阿拉伯帝国新都巴格达，其街道都由柏油铺成，这可能是世界上第一座"柏油化"马路城市。在古代波斯的阿尔利卡，有明确的使用沥青治疗癣疥等皮肤病的记载；10世纪阿拉伯的旅行家麦斯欧迪在笔记中记载了巴库人用沥青给马治疗皮肤病；13世纪大旅行家马可·波罗，在前往中国途中经过巴库时，记载了当地人使用石油"作为药膏治疗人皮肤瘙痒和疮痂"的事例。

石油在军事方面的早期应用。在公元668年，希腊裔叙利亚工匠佳利尼科斯发明了"希腊火"，并将该技术带到了君士坦丁堡。该"希腊火"使用时会有浓烟和巨大声响发出，它可以附在船体和人身上进行燃烧，对敌人形成巨大的杀伤力。遗憾的是，由于该"希腊火"过于严苛的保密而失传。现在可以确定的是，"希腊火"的主要成分是轻质的石油，可能还包含沥青。现今的人们从其不需点燃和沾水爆炸的记载推测，其中可能混有生石灰成分。

2. 石油在中国的早期使用

中国是最早发现和利用石油的国家之一。在西汉时期，陕北延安的人们就有在水面上采集的石油的记载，并作燃料使用。到北宋年间，石油已经加工成石烛照明。元代后出现了加工石烛的工场。在元朝的《元一统志》里有这样的描述："延长县南迎河有凿开石油一井，拾斤，其油可燃，兼治六畜疥癣，岁纳壹佰壹拾斤。又延川县西北八十里永平村有一井，岁纳四百斤，入路之延丰库。石油，在宜君县西二十里姚曲村石井中，汲水澄而取之，气虽臭而味可疗驼马羊牛疥癣。"到明代陕北人使用石油熬制出了点灯用的油，这标志着在500多年前，中国就已经初步掌握了提炼灯油的技术。

在石油的两千多年使用历史中，中国主要将石油用在照明、润滑、医药、军事和制墨五个方面，其整体上古代石油技术的发展非常缓慢，对石油的使用也只限于对现成原油的开采与使用，没有对石油的来源及产生原因进行相关的研究记载。

（四）石油在今天的位置

自从1885年卡尔·本茨设计和制造出了世界上第一辆能实际应用的内燃机发动的汽车，人类就与石油产生了更紧密的联系。

在今天可以这样说：离开石油，人类会"寸步难行"。

1. 人类的日常生活根本离不开石油

人类生活最基本的衣、食、住、行四个方面，都与石油有密切关系。石油的出现及其现代应用丰富了人类多姿多彩的生活（见图1-1-1～图1-1-3）。

图1-1-1 石油的产品——化纤衣料

图1-1-2 石油的产品——沥青路

图1-1-3 石油的产品——车用汽油

图1-1-4 石油燃料是舰队的动力之源

2. 军事活动离不开石油

石油是武器装备的动力来源。离开石油，飞机不能上天、舰队无法出海（见图1-1-4）、坦克与战车不能行驶，"战斗力"也就无从谈起。

3. 石油与美元

美元，作为国际上坚挺的货币，是石油国际贸易中规定的结算货币。因此，可以说"石油"就是"美元"，美元"捆绑着"石油（见图1-1-5）。

当你使用美元，或者利用外汇进行国际贸易结算时，你就直接或者间接地与石油扯上了关系。

4. 石油"控制"着经济的命脉

如果一个国家或地区要发展经济，那就一定需要石油。

修公路需要沥青，修铁路、建码头需要石油，发展航空需要石油，建设电厂需要石油。没有石油，经济的发展会受到极大的影响。

经济学家的观点：当一个国家的石油进口量超过一定数量（5000万

图1-1-5 美元"捆绑"石油

吨）时，国际石油市场的供需变化会直接影响该国家的经济运行。

亚太经济合作组织的观点是：石油价格每桶上升10美元就会使通货膨胀率上升0.5个百分点，经济增长率下降0.25个百分点。

根据有关的数据核算，在全球的70亿人中，人的一生因穿衣等服饰消费就要消耗掉约0.8吨石油，因饮食等需要消耗掉约0.6吨石油，居住环境等需要消耗掉约3.8吨石油，旅行等需要消耗掉约3.8吨石油，合计约9吨石油，而在欧美等发达国家，这个数据还需要成倍、成几十倍增加。其实，这些石油消耗的数据还是明显偏低的。

根据《BP世界能源统计年鉴》的资料，2012年全球石油产量约41.2亿吨，按70亿人计算，人均年消费石油589公斤，如果按全球人均寿命67岁计算，则地球上每人一生中需要消费使用39.46吨。

总之，石油与经济发展和人们的生活息息相关，甚至可以说，石油控制了人类的日常生活和经济的发展。

二、石油的物性参数

（一）石油的定义

今天，石油俗称是"工业的血液""黑色的金子"，其不仅有正式且通用的名称，还有严格的定义。

1983年第11届世界石油大会对石油的定义是：石油（Petroleum）是自然界中存在于地下的以气态、液态和固态烃类化合物为主，并含有少量杂质的复杂混合物。原油（Crude Oil）是石油的基本类型，在常温、常压条件下呈液态。天然气（Natural Gas）也是石油的主要类型。从油井采出来的未经加工的液态石油称为"原油"（见图1-2-1）。

（二）石油的颜色

原油的色彩丰富，从深红到褐红，从墨绿到黑，从金黄到透明；因其所含成分的不同，而呈现不同的颜色，其本身所含胶质、沥青质的量越高颜色越深。

图1-2-1　石油

（三）石油的分类

石油的主要成分是各种烷烃、环烷烃、芳香烃的混合物。习惯上把未经加工处理的石油称为原油，原油按组成、含硫量和比重有三种不同的分类方法。

（1）按组成分为石蜡基原油、环烷基原油和中间基原油三类。

（2）按含硫量分为超低硫原油、低硫原油、含硫原油和高硫原油四类（见表1-2-1）：

表1-2-1　按含硫量对原油分类表

含硫量	名称	备注
2.0%以上	高硫原油	目前，含硫原油和高硫原油占75%以上，其中含硫量在1%以上的原油占世界原油产量的55%以上，含硫量在2%以上的也占30%。中东、波斯湾地区为高硫原油，印尼、马来西亚和澳大利亚多为低硫原油
0.5%~2.0%	含硫原油	
小于0.5%	低硫原油	
小于0.005%	超低硫原油	

（3）按比重可分为轻质原油、中质原油、重质原油以及特重质原油四类。国际上多采用美国标准API（美国石油学会缩写）来分类：

$$API度 = \frac{141.5}{15.5摄氏度时的比重} - 131.5$$

由上式所得到的API度和我们通常的比重值正好相反，API度越大，实际比重则越小（见表1-2-2）：

表1-2-2　按API度对原油的分类表

API度	种类	代表油种
大于31.1	轻质原油	穆尔班39.94、塔皮斯46、澳大利亚大陆架凝析油53.1
22.3~31.1	中质原油	阿曼34、辛塔（Cinta）33.4
10~22.3	重质原油	杜里（Duri）21
小于10	特重质原油	产于委内瑞拉的奥里油

（四）石油的物性参数

1. 石油的密度

石油的性质因产地而异，密度为0.8~1.0g/cm³，黏度范围很宽，凝固点差别很大（30~60℃），沸点范围为常温~500℃以上，可溶于多种有机溶剂，不溶于水，但是可与水形成乳状液。

2. 石油的元素构成

世界各地原油的元素组成差别较大，但基本上都有碳、氢、硫、氮、氧5种元素。其中，碳占83%~87%，氢占11%~14%，碳和氢两者占原油组成的95%~99%。

除以上5种元素外，原油中还含多种微量元素，其在原油中的含量很低，这些微量元素的存在对石油的加工和油品的使用有很大的影响。目前，从石油中检测出的微量元素共有59种，包括变价金属、碱金属和碱土金属，以及卤素和一些其他元素。其中对石油加工影响较大的有钒、镍、铁、铜等。

3. 石油的物理性质

石油是一种流动或半流动性的黏稠液体，其黏度取决于温度、压力、溶解气量及其化学组成。温度增高时黏度降低、压力增高时黏度增大、溶解气量增加时黏度降低、轻质油组分增加时黏度降低。原油黏度变化大，黏度大的原油称稠油，稠油因其流动性差而开发难度较大。一般来说，黏度大的原油其密度也较大。

原油冷却到由液体变为固体时的温度称为凝固点。原油的凝固点大约在-50~35℃。凝固点的高低与石油中的组分含量有关；轻质组分含量高，凝固点低；重质组分含量高，尤其是石蜡含量高，凝固点就高。

4. 石油的化学性质

化学性质包括化学组成、组分组成和杂质含量等。

原油是烷烃、环烷烃、芳香烃和烯烃等多种液态烃的混合物。

原油的成分主要有油质、胶质、沥青质、碳质四类。石油是由碳氢化合物为主混合而成的，具有特殊气味的、有色的可燃性油质液体。天然气是以气态的碳氢化合物为主的各种气体组成的，具有特殊气味的、无色的易燃性混合气体。

含蜡量，是指在常温常压条件下原油中所含石蜡和地蜡的百分比。石蜡是一种白色或淡黄色固体，由高级烷烃组成，熔点为37~76℃。石蜡在地下以胶体状溶于石油中，当压力和温度降低时，可从石油中析出。地层原油中的石蜡开始结晶析出的温度叫析蜡温度，含蜡量越高，析蜡温度越高。

含硫量，是指原油中所含硫（硫化物或单质硫分）的百分数。原油中含硫量较小，一般小于1%，但对原油性质的影响很大，对管线有腐蚀作用，对人体健康有害。根据含硫量不同，可以分为高硫原油、含硫原油、低硫原油和超低硫原油。

含胶量，是指原油中所含胶质的百分数。原油的含胶量一般在5%~20%。胶质是指原油中分子量较大的含有氧、氮、硫等元素的多环芳香烃化合物，呈半固态分散状溶解于原油中。胶质易溶于石油醚、润滑油、汽油、氯仿等有机溶剂中。

原油中沥青质的含量较少，一般小于1%。沥青质是一种高分子量具有多环结构的黑色固体物质，不溶于酒精和石油醚，易溶于苯、氯仿、二硫化碳。沥青质含量增高时，原油质量变坏。

（五）石油产品的分类及用途

根据石油产品的使用范围，将其可分为石油燃料、石油溶剂与化工原料、润滑剂、石蜡、石油沥青、石油焦6类。其中，石油燃料产量最大，约占总产量的90%；各润滑剂品种最多，产量约占5%。

汽油是消耗量最大的燃料品种。汽油的密度为0.70~0.78g/cm³，沸点范围为30~205℃，主要用作汽车、摩托车、快艇、直升机、农林用飞机的燃料。应环保要求，今后将限制芳烃和铅的含量。

喷气燃料主要供喷气式飞机使用。沸点范围为60~280℃或150~315℃（俗称航空煤油）。为适应高空低温高速飞行需要，这类油要求发热量大，在−50℃不出现固体结晶。煤油沸点范围为180~310℃，主要供照明（见图1-2-2）、生活炊事用。要求火焰平稳、光亮而不冒黑烟，产量不大。

柴油沸点范围有180~370℃和350~410℃两类。对石油及其加工产品，习惯上对沸点或沸点范围低的称为轻，相反称为重。故上述前者称为轻柴油，后者称为重柴油。商品柴油按凝固点分级，如10、−20等，表示低使用温度。柴

图1-2-2 照明使用的煤油灯

油广泛用于大型车辆、船舰。由于高速柴油机（汽车用）比汽油机省油，柴油需求量增长速度大于汽油，一些小型汽车也改用柴油。对柴油质量要求是燃烧性能和流动性好（见图1-2-3）。

石油溶剂用于香精、油脂、试剂、橡胶加工、涂料工业做溶剂，或清洗仪器、仪表、机械零件。

润滑油，从石油制得的润滑油约占总润滑剂产量的95%以上。润滑油除润滑性能外，还具有冷却、密封、防腐、绝缘、清洗、传递能量的作用。产量最大的是内燃机油（约占40%），其余为齿轮油、液压油、汽轮机油、电器绝缘油、压缩机油，合计占40%。商品润滑油按黏度分级，负荷大，速度低的机械用高黏度油，否则用低黏度油（见图1-2-4）。

润滑脂，俗称黄油，是润滑剂加稠化剂制成的固体或半流体，用于不宜使用润滑油的轴承、齿轮部位。

液状石蜡，包括石蜡（约占总消耗量的10%）、地蜡、石油脂（见图1-2-5）等。石蜡主要作包装材料、化妆品原料及蜡制品，也可作为化工原料产脂肪酸（肥皂原料）。

石油沥青主要供道路、建筑用（见图1-2-6）。

石油焦，用于冶金（钢、铝）、化工（电石）行业做电极（见图1-2-7）。

除上述石油产品外，各个炼油装置还得到一些在常温下是气体的产物，总称炼厂气，可直接做燃料或加压液化分

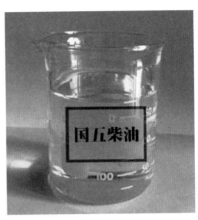

图1-2-3　柴油

图1-2-4　润滑油

图1-2-5　石油脂

出液化石油气，可作原料或化工原料。炼油厂提供的化工原料品种很多，是有机化工产品的原料基地，各种油、炼厂气都可按不同生产目的、生产工艺选用。常压下的气态原料主要制成乙烯、丙烯、合成氨、氢气、乙炔、炭黑。液态原料（液化石油气、轻汽油、轻柴油、重柴油）经裂解可制成发展石油化工所需的绝大部分基础原料（乙炔除外），是发展石油化工的基础。

图1-2-6　沥青路

图1-2-7　石油焦

三、石油在国际舞台的角色

（一）石油关乎每个国家的经济安全

石油是一种不可再生的商品，是国家生存和发展不可或缺的战略资源，对保障国家经济和社会发展以及国防安全有着不可估量的作用。由于石油的战略与超经济属性，导致各国甚至不惜发动战争来确保其能源安全。

石油产业，这个世界最庞大的行业，既有美元的绿色，又有石油本身的黑色，更有战争的鲜艳的血红色。石油行业就是这么绚丽多彩，对世界的影响力无所不在。

如今，石油消费占世界各国全部能源消费比例的40%以上，假如石油的供应发生变化，则与石油有关的经济社会生活以及政治、军事活动就会受到冲击，从而造成社会的动荡；届时，石油产业以及与石油相关联的产业，就会受到严重冲击，从而给整个国民经济带来不可估量的损失。

（二）石油资源不均衡

从1987年、1997年和2007年石油年探明储量的分布（见图1-3-1）、2014年各区域石油储量占比（见图1-3-2）、2014年天然气探明储量国家分布图

（见图1-3-3）和2014年可供开采的天然气分布（见图1-3-4）四个统计资料可以看出，世界油气资源主要集中分布于中东、中南美洲和俄罗斯等小范围区域。

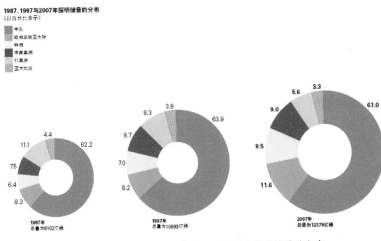

图1-3-1　1987年、1997年与2007年石油探明储量的分布

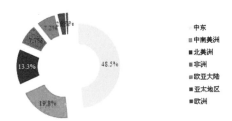

图1-3-2　2014年各区域石油储量占比

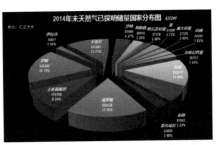

图1-3-3　2014年天然气探明储量国家分布图

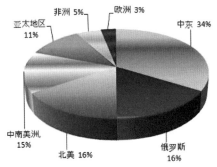

图1-3-4　2014年可供开采的天然气分布

（三）石油导致战争

石油，是地球赋予人类的宝贵财富，它能够带来钞票，能够衡量一个国家的综合国力并决定其国际地位。但是，由于石油资源的分布不均衡，世界各国为了自身的经济发展，有的甚至为了垄断石油资源，而发动了与石油资源有关的战争。

我们梳理发生在最近100年的战争时发现，战争的起源绝大多数是源于石油资源。特别是从20世纪50年代开始，世界各国为了石油资源而冲突不断，几乎所有的现代战争，都带有强烈的石油色彩。

（1）1909年英国人在波斯湾打出第一口油井。1911年，温斯顿·丘吉尔担任英国海军大臣，便把海军军舰动力燃料改为石油；并开始寻求和控制其石油资源。

（2）第二次世界大战时期的北非战争，其实就是想迂回通过埃及攻打中东，以达到摧毁英国石油基地的目的。

（3）德国侵占罗马尼亚，目的也是控制石油资源。

（4）德国攻打斯大林格勒，也是为了格鲁吉亚一带的石油储备。

（5）日本在太平洋对美国开战，直接原因是打破美国的石油封锁，并南下掠夺印度尼西亚的石油资源。

（6）中东战争，虽然表面上是因为苏伊士运河，但根本原因是由于运河的封锁影响了西方石油的运输。

1956年，埃及宣布将苏伊士运河收归国有。英国、法国和以色列对埃及发动了第二次中东战争。1967年，以色列空军突然袭击埃及、叙利亚的空军基地，第三次中东战争爆发。在第三次中东战争中，以色列占领了埃及的西奈半岛，随后就在半岛上打出了几口油井，缓解了本国石油资源紧缺的状况。

1973年10月6日14时整，一个本该平静祥和的日子，苏伊士运河两岸却再次燃起战火。为了争夺对苏伊士运河的控制权，占领石油运输的咽喉要道，埃及与以色列在各自幕后指挥国的操纵下，打响了中东战争。在此次中东战场上，苏联和美国，则开始对各自支持的国家投入大量的武器装备，那么美苏这两个超级大国为什么要蹚这趟浑水？答案是石油。

（7）20世纪80年代的两伊战争，是为了幼发拉底河和河边的石油资源。

（8）20世纪90年代初的海湾战争，同样是为了控制伊拉克的石油。

（9）2003年3月20日的伊拉克战争，实际是海湾战争的继续，目的还是石油！

第二章

石油的形成

俄国的罗蒙诺索夫是世界上第一个探索石油形成原因的人，他在1763年就提出了自己的观点。但时至今日，有关石油的形成原因，一直还是一个争论不休的问题。

现今人们普遍接受的观点：石油是由生物经过漫长的化学和生物化学变化演变而成的，其形成需要具备三个条件：一是有大量的生物遗体；二是有储存石油的地层和保护石油的盖层；三是具有石油富集的地质构造。

一、储油的岩层

（一）地球的岩石

地球可近似地看作椭圆形的球体，其半径约为6300千米，其表面被大气层包围，大气层以下为地壳、地幔、外核和内核几个部分。

在地球的内核，是由温度高达8000°F的固态铁矿物组成的。内核的外面是外核，由温度约7000°F的液态铁矿物组成。地幔在地核外面，是塑性的，其温度大约为1800°F。地幔的外层是脆性的岩石，称为地壳。

组成地壳的岩石有三类：岩浆岩、变质岩和沉积岩。

岩浆岩是火山岩浆凝固后形成的。变质岩是早期存在的岩石受地球内部力的作用后重结晶而形成的岩石。沉积岩是有机质或者其他碎屑物质在湖泊中沉淀、堆积和演化而形成的岩石。

（二）沉积岩

沉积岩是三大岩类的一种，是组成地球岩石圈的主要岩石之一。它是在地

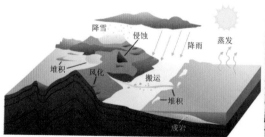

图2-1-1 风化、剥蚀与搬运堆积过程示意图

图2-1-2 沉积岩地质剖面图

壳发展演化过程中，在地表或接近地表的常温常压条件下，任何先成岩遭受风化剥蚀作用的破坏产物，以及生物作用与火山作用的产物在原地或经过外力的搬运所形成的沉积层，又经成岩作用而成的岩石（见图2-1-1和图2-1-2）。

沉积岩中所含有的矿产约占世界全部矿产蕴藏量的80%。生物在地质历史的进化过程中，其繁盛与衰亡都曾对沉积岩的形成有明显影响。元古宙时期还未出现大量的海生动物群，因此，在这一时期的地层中有大量叠层石藻灰岩。到石炭纪，全球性的植物繁茂，则此时的地层中沉积有大量的煤炭和油页岩。

据研究资料表明，沉积岩最初沉积在海洋或湖泊等低洼地区，地质上称其为沉积盆地（见图2-1-3）。沉积盆地在漫长的地质历史演化中发生了"沧海桑田"的变化，有的由海洋升变为陆地，有的由湖盆变成了高山。地质变化使分散混杂在泥沙中具流动性的油气离开原生地（地质上叫生油层），又经过漫长的"油气运移"后集中起来，储藏到储油地层中，形成了可供现今开采的油气矿藏。可以说，沉积盆地是石油的"故乡"。

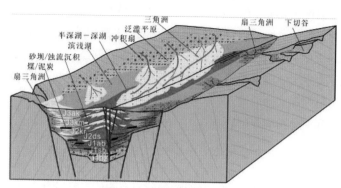

图2-1-3 沉积盆地形成示意图

二、烃源岩

烃源岩包括油源岩、气源岩和油气源岩，习惯上叫作生油岩。石油地质学家定义烃源岩为："富含有机质、大量生成油气与排出油气的岩石。"烃源岩是一种能够产生或已经产生可移动烃类的岩石。

（一）烃源岩的意义

烃源岩是与烃类有机起源说紧密联系的，因此，对于有机学派来说，如何评价烃源岩就是一个经常要面对的课题。特别是依据油气成因的现代概念，烃源岩的研究内容相当丰富。

从广义的成烃角度来看，则烃源岩既指成熟烃源岩，也包括未成熟烃源岩。因为生物成因也可以形成工业性聚集，所以其定义"可能产生或已经产生石油的岩石叫作生油岩"，一方面在具体研究中是否排出过烃类这一点很难确定，另一方面烃源岩的生烃过程主要受埋藏条件所控制，会因时因地而异。

（二）形成烃源岩的条件

形成烃源岩应具备的条件：含有大量有机质即干酪根；达到干酪根转化成油气的门限温度即埋藏深度。

研究表明，有利于有机质大量繁殖和保存的沉积环境为：

（1）浅海相；

（2）三角洲相；

（3）深水–半深水湖相。

（三）储油层的形成

储油构造的形成包括油气的生成、运移和储集，是一系列复杂漫长的过程。在地质历史进化过程中，同沉积岩一起被沉积和埋藏下来的植物以及死亡的生物有机体等物质，在经历漫长的的沉积过程中，有机质同泥沙和其他矿物混合在一起，遇到低洼的浅海环境或陆上的湖泊环境时形成了有机淤泥。这种淤泥又被新的沉积物所覆盖、埋藏，造成了氧气不能进入的还原环境。随着沉积物的不断加厚，有机淤泥所承受的压力和温度逐渐增大，处在还原环境中的有机物质经过复杂的物理与化学变化，并在高温和高压下逐渐转形成蜡状的油页岩，后又转化成液态和气态的碳氢化合物。该碳氢化合物质量较轻，它们会向上渗透到附近的岩层中，直到渗透到紧密无法渗透的岩层中保存起来。又经过数百万年漫长而复杂的地质变化过程，有机淤泥经过压实和固结作用后变成沉积岩。

三、油气运移

地壳中石油和天然气在各种天然因素作用下发生的流动，称为油气的运移。油气运移可以导致石油和天然气在储集层的适当部位（圈闭）的富集，形成油气藏，这叫作油气聚集。也可以导致油气的分散，使油气藏消失，此即油气藏被破坏。

（一）油气运移简介

油气在生油层中生成时，呈最初的分散状态分布，经运移后才在储集层中聚集形成油气藏。油气藏遭破坏后，也可能由于油气的运移而形成次生油气藏，或由于油气沿裂缝、孔隙渗出而随地下水流至地表。

通常根据油气运移的方式、动力等将整个油气运移过程分为初次运移和二次运移两个阶段。

（二）油气运移证据

油气运移的过程是有规律可循的，研究发现下列现象是油气运移的证据。

（1）地表发现的油气苗，显然是地下石油和天然气通过一定的通道（断裂、不整合面等）向上运移的结果。

（2）油气是在烃源岩中生成的，却在储集层中储集。油气所在位置发生了变动。

（3）烃源岩中生成的是分散状态的油气分子，而到了油气富集区，油气却呈聚集状态。

（4）油气藏中油、气、水按比重分异现象，也是油气运移的结果。

（5）从油源区到成藏区，化合物分布有规律渐变，显然也与油气运移有关。

（三）油气运移方式

油气运移的基本方式有两种：渗滤、扩散。在孔渗性差的致密岩层中主要是扩散流，在孔渗性较好的岩层中主要是达西流。

渗滤作用是一种机械运动，整体流动，遵守能量守恒定律，由机械能高的地方向机械能低的地方流动。

扩散作用为分子运动，从高浓度处向低浓度运动，使浓度梯度达到均衡；扩散系数与分子大小有关，分子越小，扩散能力越强，轻烃具有明显的扩散作用。成藏后的扩散流主要表现为油气的散失。

1. 油气初次运移

石油和天然气在生油层中向邻近储集层的运移（见图2-3-1），为运移的第一阶段，称为初次运移。生油层中的有机质处于分散状态，呈微粒状分布在岩石颗粒之间，或为薄膜状吸附在颗粒表面。所以刚形成的油和气也是分散于原始母质之中。通常认为，油气初次运移的主要动力是地层静压力、地层被深埋所产生的热力以及黏土矿物的脱水作用。发生初次运移的主要时期为晚期生油阶段，与之相应的为晚期压实阶段。初次运移的状态主要为水溶。碳酸盐岩生油层中油气的运移，可能以气溶为主。

2. 油气二次运移

油气进入储集层后的一切运移称为二次运移。它是油气运移的第二阶段，是初次运移的继续。二次运移包括：油气在储集层内部的运移；沿断层、不整合面等通道进入另一储集层的运移；已形成的油气聚集在条件变化时所引起的再次运移（见图2-3-2）。

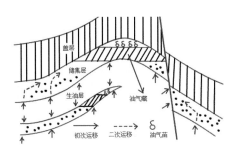

图2-3-1 油气向邻近储集层的初次运移示意图

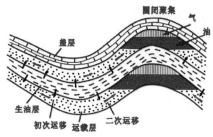

图2-3-2 油气运移与油气圈闭形成示意图

二次运移的动力主要是水力、浮力和毛细管力，运移状态主要为游离相态。油气在二次运移中的主要通道有储集层的孔隙、裂缝、断层、不整合面。

油气运移的主要方向和距离一方面取决于可渗透性地层的产状；另一方面取决于地层水动力和浮力的大小和方向。显然，这些因素是由区域构造背景决定的。

四、储油构造

（一）储油构造定义

凡是能够聚集油气的地质构造就是储油构造。

石油气是由千万年的地质演化形成的，与岩层的新老关系密切。有些含有油气的沉积岩层，由于受到巨大压力而发生变形，油气都跑到背斜里去了，形成富集区。所以背斜构造往往是储藏石油的"仓库"，在石油地质学上叫"储油构造"。通常，由于天然气密度最小，处在背斜构造的顶部，石油处在中间，下部则是水。寻找油气资源就是要先找这种地方。

（二）储油圈闭

形成储油圈闭的地质结构有很多种类型。

第一种类型称为背斜型圈闭（见图2-4-1），外形如窟窿状，天然气、石油和水均储存在储油岩内，而储油岩被一层非渗透性岩所覆盖，它可防止天然气和石油逸离；

第二种类型称为断层型圈闭（见图2-4-2），因为非渗透性岩发生断层而阻止石油和天然气逃逸；

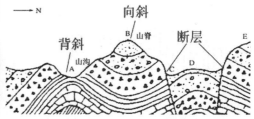

图2-4-1　背斜构造剖面图　　　图2-4-2　向斜、背斜、断层构造示意图

第三种类型称为可变渗透性型圈闭，由于储油岩渗透性发生变化而导致石油无法逸离储油岩。

在储油构造里，由于油、气、水比重不同而发生重力分异：气在上部，水在下部，而石油层居中间。储油构造包括油气居住的空间——储集层；覆盖在储集层之上的不渗透层——盖层；遮挡油气进入后不再跑掉的"墙"——封闭条件。只要能找到储油构造，就可以找到油气藏。

油气藏往往是两种或几种类型的油气藏复合出现，多个油气藏的组合，就叫油气田。

因此形成石油需要三个条件：丰富的源岩，渗透通道和一个可以聚集石油的岩层构造。

五、石油成因学说

（一）石油的有机成因论

研究表明，石油的生成最少需要200万年的时间，在现今已发现的油藏中，时间最老的达5亿年之久。

在地球不断演化的漫长历史中，有一些特殊时期，如古生代和中生代，有大量的植物和动物死亡后，与泥沙等沉淀物混合组成沉积层。由于沉积物不断地堆积加厚，导致温度和压力上升，随着这种过程的不断进行，沉积层变为沉积岩，进而形成沉积盆地，这就为石油的生成提供了基本的地质环境。大多数地质学家认为石油像煤和天然气一样，是古代有机物通过漫长的压缩和加热后逐渐形成的。

经过漫长的地质年代这些有机物与淤泥混合，被埋在厚厚的沉积岩下。在地下的高温和高压下它们逐渐转化，首先形成蜡状的油页岩，后来退化成液态和气态的碳氢化合物。由于这些碳氢化合物比附近的岩石轻，它们向上渗透到附近的岩层中，直到渗透到上面紧密无法渗透的、本身则多空的岩层中。这样聚集到一起的石油形成油田。

实际上，这个假说并不成立，原因是即使把地球所有的生物都转化为石油的话，成油量与地球上探明的储量相差过大。

（二）石油的无机成因说

无机成因学说是托马斯·戈尔德在尼古莱·库德里亚夫切夫（Nikolai Kudryavtsev）的理论基础上发展的。该学说认为，在地壳内已经存在许多碳，有些碳自然地以碳氢化合物的形式出现。碳氢化合物比岩石空隙中的水轻，因此沿岩石缝隙向上渗透，形成可供开采的石油。在地质学界，无机成因学说只有少数人支持，一般用它来解释一些油田中无法说明的石油现象。

（三）石油的形成过程

按照现今绝大多数石油地质学家能接受的有机成因论认为，石油的成因大致是如下过程（该过程并没有被科学实验验证，也无法验证）。

（1）在遥远的中生代，彼时的海湾、河口区阳光充足，且江河带来的大量的营养物有机质，为生物的成长提供了丰富的营养，使众多海洋生物（如鱼类以及其他浮游生物、软体动物）迅速大量地繁殖。但是，当这些大量的生物死亡以后，便迅速被水流携带沉积到江、河、湖与海的底层，然后被后来的沉积物掩埋。

（2）沉积掩埋后的有机物，在被隔绝空气且长期处在缺氧的环境下，加之沉积加厚的压力、地层的高温和细菌的作用，开始分解。再经过长期的地质时期，这些早期的生物遗体便逐渐变成了分散的石油。

（3）石油形成以后，在地层中温度和压力的作用下，便会运移到有利于其聚集的地质构造，形成油气圈闭（见图2-5-1）。

大量泥沙的沉积为石油的储集创造了良好的条件。石油储集在砂岩孔隙中，就好像在海绵里充满水一样，不致流失而长期缓慢地沉降在大陆架浅海区。那些沉降幅度大、沉降地层厚的盆地，往往是形成石油最有利的地区。

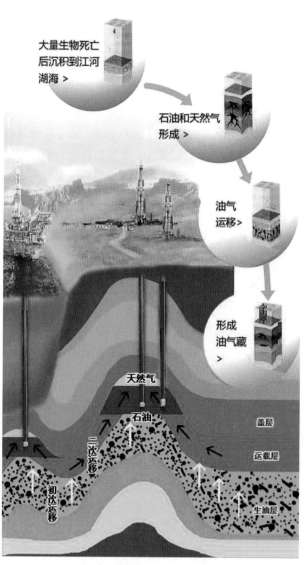

图2-5-1　石油生成及运移形成示意图

在这些大型沉积盆地中，因受挤压而突出的一些构造，又往往是储积石油最多的地方。因此，在海上找石油，就要找那些既有生油地层和储油地层，又有很好的盖层保护的储油构造的地区。

六、石油的分布

（一）世界石油资源分布不均衡

世界石油资源分布极不均衡，全世界有220个国家和地区在使用石油，但是，大量生产石油的国家和地区却只有42个，大量出口石油的国家仅有38个。

这种资源分布的不均衡，导致了许多国际矛盾和冲突。

从东西半球来看，约3/4的石油资源集中于东半球，西半球占1/4。从南北来说，石油主要集中于北半球。从纬度分布来说，主要集中在北纬20°～40°和50°～70° 两个纬度范围内：波斯湾和墨西哥湾两大油区及北非油田均处于北纬20°～40° 内，该地带集中了世界51.3%的石油储量；50°～70° 纬度内有著名的北海油田、俄罗斯伏尔加及西伯利亚油田和阿拉斯加湾油区。约80%可以开采的石油储量埋藏于中东，其中62.5%位于沙特阿拉伯。

从已经探明的石油资源来看：中东地区探明储量1020亿吨，约占全球总探明储量的59.75%，主要集中在沙特阿拉伯、伊朗、科威特、伊拉克、阿曼、卡塔尔和叙利亚等国；北美地区累计探明石油储量97亿吨，占世界总探明储量的5.7%；欧洲及亚欧大陆地区，累计探明石油储量192亿吨，占世界总探明储量的11.2%；亚太地区探明石油储量56亿吨，占世界总储量的3.3%；非洲地区探明储量为166亿吨，占世界总储量的9.7%；中南美地区探明储量176亿吨，占世界总探明储量的10.3%（见图2-6-1）。世界石油地区消费量与石油资源拥有量存在严重失衡现象，而石油资源在国家发展中有具有特殊的战略意义，因此全球围绕油气资源的争夺一直非常激烈。如北美、西欧、亚太三个地区的石油探明储量不超过世界总量的21%，而其石油消费却占世界石油消费总量的近80%，畸形的储量与消费比例，必然会导致各国对石油资源的控制权，尤其对于储量偏低而消费偏高的石油供应自给不足的国家，石油危机的挑战随时会发生。

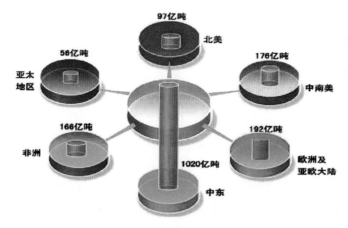

图2-6-1 世界石油储量分布图

（二）世界著名石油企业2016年油气资源储备

1. 原油储量排名

原油储量前10名的石油企业中，有一个很明显的特征：绝大多数石油企业带有"国家石油公司"的字样。从这几家石油企业里面可以看出，不出意外都来自于产油大国。而且来自OPEC的石油企业，占据大半席位。中石油，成了唯一进入原油储量排名前10的中国石油企业（见图2-6-2）。

2. 天然气储量排名

天然气储量前10排名和原油储量前10排名的名单有了少许变化，不过这些油企的地区特性却没有发生变化。来自OPEC产油国的油企依然占据大多数席位，来自俄罗斯、南美洲产油地区的油企也很顺利地进入了前10名单。中国石油，依然是唯一进入天然气储量前10排名的中国石油企业（见图2-6-3）。

3. 原油产量排名

原油产量前10排名中，沙特阿拉伯国家石油公司产油量可以说是鹤立鸡群，而剩下九家油企的产量相差不大。中国石油在原油产量排名上靠前，排第五位。令人意外的是，埃克森美孚是唯一挤进了原油产量前10排名的来自美国的西方石油公司（见图2-6-4）。

4. 天然气产量排名

天然气产量前10排名中，俄罗斯天然气工业股份公司则一骑绝尘，在产量上面将其他石油公司遥遥甩在身后。这和俄罗斯天然气工业股份公司拥有强大的天然气储量是分不开的，也和俄罗斯这个产气大国是分不开的。这项排名

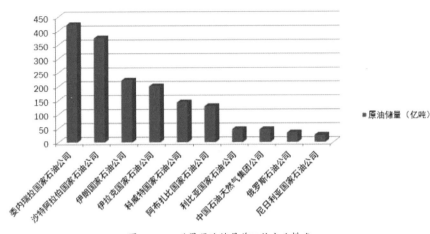

図2-6-2 世界原油储量前10位企业排名

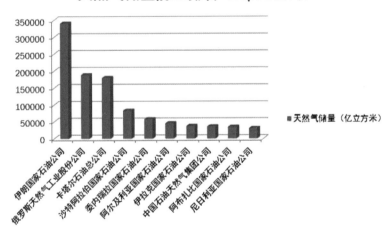

图2-6-3 世界天然气储量前10位企业排名

中，出现了四家欧美油企。埃克森美孚、壳牌、BP和道达尔，这些耳熟能详的老牌油企都出现在了排名里。可见这四家欧美石油公司更加偏爱天然气行业，相信这和欧美国家天然气消费观有很大关系。中国石油，同样进入了天然气产量前10排名名单（见图2-6-5）。

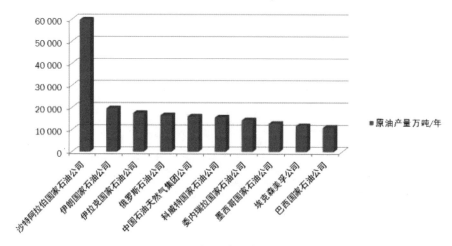

图2-6-4　世界原油产量前10位企业排名

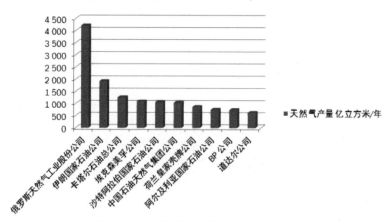

图2-6-5　世界天然气产量前10位企业排名

（三）中国石油资源分布情况

中国大陆石油资源集中分布在渤海湾、松辽、塔里木、鄂尔多斯、准噶尔、珠江口、柴达木和东海陆架八大盆地，可采资源量172亿吨，占全国的81.13%；天然气资源集中分布在塔里木盆地、四川盆地、鄂尔多斯、东海陆架、柴达木、松辽、莺歌海、琼东南和渤海湾九大盆地，其可采资源量18.4万亿米³，占全国的83.64%。

从资源深度分布看，我国石油可采资源有80%集中分布在埋深小于2000米的浅层和埋深在2000米至3500米的中深层，而埋深在3500米至4500米的深层和埋深大于4500米的超深层石油分布较少。

从地理环境分布看，我国石油可采资源有76%分布在平原、浅海、戈壁和沙漠，天然气可采资源有74%分布在浅海、沙漠、山地、平原和戈壁。

从资源品位看，我国石油可采资源中优质资源占63%，低渗透资源占28%，重油占9%；天然气可采资源中优质资源占76%，低渗透资源占24%。

（四）海洋石油资源储量

1. 世界海洋石油总体情况

据统计，世界海洋石油资源量占全球石油资源总量的34%，全球海洋蕴藏量约1000亿吨，其中已经探明的储量为380亿吨，目前有100多个国家在进行海上石油勘探，其中对深海海底勘探的有50多个国家。在人类对石油等不可再生资源的需求越来越大的情况下，海洋石油成了海洋资源的重点。

2. 深水区海洋石油储量

世界水深500米或超过500米的深水油气勘探开发开始于20世纪70年代。近年，世界深水油气勘探和生产取得巨大成功，据美国地质调查局和国际能源机构估计，全球深水区最终潜在石油储量有可能超过1000亿吨。研究表明，深水待开发储量还有1800亿桶。

巴西近海、美国墨西哥湾、安哥拉和尼日利亚近海是备受关注的世界四大深水油区，几乎集中了世界全部深水深井和新发现储量，预计未来四大深水油区产量将快速增长，估计到下一个十年之初，四大深水油区会陆续到达产量顶峰。

（1）巴西深水石油。

据统计，巴西的石油产量的81%来自海洋，海洋石油的55%产自水深300～1500米的深海海域，6%来自水深超过1500米的超深海域。

（2）墨西哥海底石油。

墨西哥国家石油公司在墨西哥湾发现大储量海底石油，保守估计为540亿桶，从而使墨西哥的石油蕴藏量从目前的480亿桶增加到1020亿桶。新发现油田使墨西哥成为世界石油蕴藏量最大的国家之一，其原油日均产量将增加到700万桶，仅次于沙特阿拉伯和俄罗斯。

（3）非洲地区海洋石油。

非洲石油工业的发展同样也是得益于海上勘探开发技术的进步。从20世纪末到21世纪初，非洲西海岸（几内亚湾）的石油发现使非洲有望成为今后人类能源供应的又一个新基地。目前在几内亚湾海域有136个油田进入了开发阶段，还有大量区块正在进行国际招标。

（4）亚太地区海洋油气。

据Mackay咨询公司的分析报告，亚太地区海洋油气工业前景光明，将成为继英国北海地区、墨西哥湾之后的世界第三大海洋油气生产区。

3. 中国海洋石油资源现状

中国是海洋大国，拥有约1.8万千米的海岸线和6500多个500平方米以上的大小岛屿。根据《联合国海洋公约》的规定和我国的主张，我国还拥有面积约300万平方千米的管辖海域，约占中国陆地面积的1/3。

中国海域拥有一系列沉积盆地，总面积近百万平方千米，具有丰富的含油气远景区域。这些沉积盆地自南向北包括：南海周围的南海南部盆地、莺歌海—琼东南盆地、北部湾盆地、珠江口盆地；我国台湾附近的台西南盆地、台西与台东盆地；东海区域的冲绳海槽盆地和东海盆地；黄海海域的南黄海盆地和北黄海盆地；以及最北部的渤海盆地等。

中国海上油气勘探主要集中于渤海、黄海、东海及南海北部的大陆架。

中国近海蕴藏着丰富的油气资源，根据勘探预测，在渤海、黄海、东海及南海北部大陆架海域，石油资源量达到275.3亿吨，天然气资源量达10.6万亿米^3，而目前原油的发现率仅为9.2%，因此中国近海海域极具勘探开发潜力。

经过综合评价计算，目前我国海域共有油气资源量351亿～404亿吨石油当量，足以保证今后10年海洋油气产量以20%的速度递增。

（1）东海。

东海大陆架可能是世界上最丰富的油田之一，钓鱼岛附近水域可能成为"第二个中东"。据我国科学家多年研究测算，钓鱼岛周围海域的石油储量约30亿～70亿吨。

近年来，我国在东海油气的勘探取得了很好的成果，中国石油勘探工作者先后在中国东海大陆架上发现了7个油气田和一大批含油气的构造。

（2）南海。

南海是石油的宝库，有"第二个波斯湾"之称。

根据中国已有的研究成果，在南海的部分海域发现的石油储量就达55.2

亿吨。

在南海的曾母暗沙、沙巴盆地、万安盆地的石油总储量预计有200亿吨，是世界上待开发的大型油藏，其中有一半以上的储量分布在归中国管辖的海域。

据初步估算，整个南海的石油地质储量大致在230亿～300亿吨，约占中国总资源量的1/3，属于世界四大海洋油气聚集中心之一，是与波斯湾、墨西哥湾、北海齐名的世界四大海洋油气区。

（3）渤海湾地区。

渤海湾地区已经发现7个亿吨级油田，其中渤海中部的蓬莱19–3油田是迄今为止中国最大的海上油田，探明储量达6亿吨，仅次于陆地上的大庆油田。中国正在进行的12个油气田项目的新建或扩建，其中有6个在渤海油田。截至2010年，渤海海上油田的产量已达到5550万吨油当量，成为中国油气增长的主体。

（4）南黄海地区。

南黄海油气盆地面积约为10万平方千米，是中、新生代沉积盆地，以新生代沉积为主。它是陆地苏北含油气盆地向黄河的延伸，共同构成苏北—南黄海含油气盆地。盆地分南、北两个坳陷。北部坳陷面积3.9万平方千米，中新生代沉积厚度超过4000米，有8个坳陷、5个凸起、9个构造带，具有良好的储油条件。南部坳陷面积2.1万平方千米，坳陷内部的中新生代厚度一般超过5000米。

初步的调查勘探，南黄海盆地石油地质储量在2亿～3亿吨。

第三章

石油的勘探技术

石油勘探有地球物理勘探和钻井勘探两种技术方法，其任务是探明油气藏的构造、含油面积和储量。地球物理勘探主要包括地震、重磁和电法等勘探方法其目的是寻找油气构造，并利用地球物理勘探手段分析地下岩层的展布、地质构造的类型、油气圈闭的情况以确定勘探井位。然后，采用钻井勘探法直接取得岩层资料，分析评价和确定该地质构造是否含油、含油量及开采价值。

一、地球物理勘探技术

（一）地球物理勘探方法定义

用物理学原理和数学方法，对地球进行观测，以探索地层介质结构、物质组成及形成演化，并研究其变化规律。在此基础上为寻找能源、环境监测提供理论、方法和技术，为灾害预报提供重要依据。

地球物理勘探中使用的岩石物理性质有：密度、磁导率、电导率、弹性、热导率、放射性等。不同的研究方向对应不同的勘探方法，具体包括：重力勘探、磁力勘探、电法勘探、地震勘探、放射性勘探等。根据勘探工作的区域不同可划分为：地面地球物理勘探、航空地球物理勘探、海洋地球物理勘探和钻孔地球物理勘探等。根据勘探的研究对象的不同还可划分为：金属地球物理勘探、石油地球物理勘探、煤田地球物理勘探、水文地质地球物理勘探、工程地质地球物理勘探和深部地质地球物理勘探等。

（二）地球物理勘探方法分类

1. 重力勘探

重力勘探是地球物理勘探方法之一，是利用组成地壳的各种岩体、矿体间的密度差异所引起的地表的重力加速度值的变化而进行勘探的方法。它是以牛顿万有引力定律为基础的，只要勘探地质体与其周围岩体有密度差异，就可以使用精密的重力测量仪器找出重力异常。然后，结合工作地区的地质和其他物探资料，对重力异常进行定性解释和定量解释，以推断出覆盖层以下密度不同的矿体与岩层埋藏情况，进而找出隐伏矿体存在的位置和地质构造情况。

2. 磁法勘探

磁法勘探是地球物理勘探方法之一。自然界的岩石和矿石具有不同磁性，可以产生各不相同的磁场，它使地球磁场在局部地区发生变化，出现地磁异常。利用仪器发现和研究这些磁异常，进而寻找磁性矿体和研究地质构造的方法称为磁法勘探。

磁法勘探包括地面、航空、海洋磁法勘探及井中磁测等，主要用来寻找和勘探有关矿产（如铁矿、铅锌矿、铜锦矿等）、进行地质填图、研究与油气有关的地质构造及大地构造等问题。

3. 电法勘探

电法勘探是根据岩石和矿石电学性质（如导电性、电化学活动性、电磁感应特性和介电性，即所谓"电性差异"）来找矿和研究地质构造的一种地球物理勘探方法。它是通过仪器观测人工的、天然的电场或交变电磁场，分析、解释这些场的特点和规律达到找矿勘探的目的。

电法勘探分为两大类：直流电法和交流电法。

研究直流电场的直流电法有电阻率法、充电法、自然电场法和直流激发极化法等；研究交变电磁场的交流电法，包括交流激发极化法、电磁法、大地电磁场法、无线电波透视法和微波法等。

按工作场所的不同，电法勘探又分为地面电法、坑道和井中电法、航空电法、海洋电法等。

4. 地震勘探

地震勘探是利用人工激发的地震波在弹性不同的地层内传播规律的变化来勘探地下的地层情况。在地面的某处激发的地震波向地下传播时，遇到不同弹性的地层分界面就会产生反射波或折射波返回地面，用专门的仪器可记录这些波，分析所得记录的特点，并通过专门的计算和技术来处理，能较准确地测定这些界面的深度和形态，判断地层的岩性，是勘探含油气构造甚至直接找油的主要物探方法。

（三）地震勘探方法的实施过程

地震勘探方法是勘探含油气构造和直接找油的主要地球物理勘探方法。其实现过程主要有四个步骤（以在陆地上实施为例）。

第一步，是在需要勘探的区域布设能接收人工地震波的专门仪器——检波器。检波器的布设必须满足一定的条件：二维地震勘探时，检波器需要布置成一条直线；三维地震勘探时，检波器的布置需要满足施工设计时的覆盖次数要求，一般是将检波器按照一定的排列方式布置。按以上条件，在陆地上布置检波器（见图3-1-1）。

图3-1-1 检波器布置示意图

第二步，是利用人工震源激发地震波，向地下弹性不同的地层内传播（见图3-1-2）。当地震波向地下传播时，遇到地层分界面就会产生反射波或折射波返回地面，此时，利用专门的仪器和检波器可记录到这些地震波（见图3-1-3）。

第三步，利用专门的仪器和数据处理分析方法，将得到的地震波记录进行特殊的分析处理，能得到较准确反映地层界面的地震剖面（见图3-1-4）。

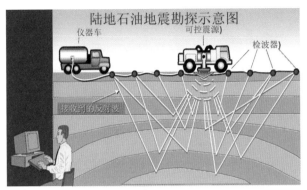

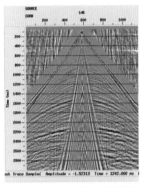

图3-1-2 陆地地震勘探示意图

图3-1-3 经过处理后的炮集记录

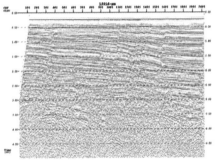

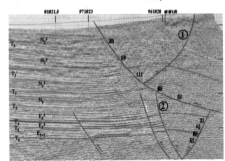

图3-1-4 处理得到的地震剖面示例

图3-1-5 解释后的地震剖面示例

第四步，应用地质、地震知识对地震剖面进行分析解释（见图3-1-5），判断出地层的形态、深度和岩性信息，确定勘探钻井的井位。

（四）海洋地震勘探技术

浩瀚的海洋中有几百米、几千米的水层，覆盖在几千米厚的岩石层上面，看不见也摸不着，如何才能在海洋中找到石油呢？海上石油的勘探一般是在海洋调查船上装备特别的仪器设备，来发现有利于石油聚集的地层和构造。最常用和有效的是地震勘探的方法，就是在海水中用炸药爆炸或用压缩空气，产生人工地震波，利用声波在不同物质中以不同速度传播的原理，来寻找对石油储集有利的地层和构造。

1. 海上地震数据采集

海上地震勘探数据采集有海上拖缆法和海底地震法两种。海上拖缆法是海洋地震勘探最常用方法，也是历史悠久的深水地震方法。海底地震方法因其

特有的优点，能解决
复杂构造的问题，
在近些年得到快速
发展。

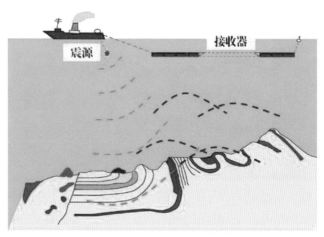

图3-1-6　海上拖缆地震法示意图

海上拖缆施工方
法，是由地震船拖着
检波器电缆沿测线进
行，边前进边放炮的
海上地震方法（见图
3-1-6）。

海上拖缆地震勘
探作业是由一条物探
船船尾拖着一条或几条等浮电缆和气枪阵列，在工区内按一定的速度沿测线航
行。电缆一般沉放在海面下4～8m，气枪沉放在3～7m，沉放深度是由勘探目
的层的深度所决定。每条电缆长度一般为3000～6000m，最长可达10000m。

二维勘探施工作业只需要一条电缆（见图3-1-7）。三维一般用多缆，通过
使用一种叫扩展器的装置使电缆之间按设计要求保持一定间隔（见图3-1-8）。

数据采集时，由船上的控制系统，控制气枪阵列（见图3-1-9）瞬间释放
高压气体激发地震波（见图3-1-10），靠电缆上的接收器接收地下地层的反
射波，经模数转换后记录到地震磁带上。气枪阵列由炮缆、浮体、气枪、气枪

图3-1-7　海上拖缆地震二维施工示意图

图3-1-8　海上拖缆地震三维施工示意图

图3-1-9 海上拖缆地震的气枪阵列

图3-1-10 气枪阵列激发的高压气体瞬间释放后的效果图

阵列线、信号线、气管等组成。二维作业使用一个震源，三维作业使用两个震源。每个震源由3～4排枪组成。

水下记录系统主要由电缆前导段、弹性段、工作段、数字包等组成。

前导段位于电缆最前部，可以传输数据和给电缆供电，比较结实，不易损坏。

弹性段位于工作段的前部和后部，是充油电缆，可以降低拖曳噪音。

地震等浮电缆工作段内部由数据传输线、电源线、拉力线、间隔浮子、检波器、罗经鸟信号传感器等组成（见图3-1-11），外皮为PVC、TPV等材料组成的柔性材料，内充电缆油。充电缆油的目的，一是为了保持浮力，二是为了使检波器泡在油中减低噪音并使地震信号能传播到检波器，目前，世界上绝大部分地震船使用的电缆都为这种结构的电缆。

水下定位设备包括：激光发生器、差分定位系统、罗经鸟、声学鸟和尾标。

激光发生器是安装在工作船的尾部，它发射激光并接收安装在水

图3-1-11 海上拖缆地震的等浮电缆

下枪阵和扩展器上棱镜的反射，用来测定直线距离。差分定位系统安装在枪阵和尾标上，用来测定电缆、枪阵的距离和方位。每个震源上至少安装两个，每个尾标上安装一个。

罗经鸟是挂在电缆上，帮助电缆维持深度并指示电缆的方位。罗经鸟有两个翅膀，靠两个翅膀上下角度的自动调节来保持电缆深度。电缆上每间隔一段距离就安装一个罗经鸟。罗经鸟是靠专用卡环卡在电缆上（见图3-1-12）。

声学鸟在电缆上是用来确定目标间的相对位置的，一般三维地震施工时才使用，每条电缆上至少使用6个。声学鸟也是用与罗经鸟一样的卡环卡在电缆上，声学鸟比较重，在同一个位置，一般还需要加上一个浮筒以保持浮力。枪阵上和反射靶上也需要装声学鸟（见图3-1-13）。

水下系统的相对位置关系（见图3-1-14）。

发射靶位于电缆的最尾部，其作用是用于电缆尾部的连接、定位，是电缆后部的一个浮标。发射靶上面有雷达反射器、声学鸟、差分定位系统等（见图3-1-15）。

图3-1-12　海上拖缆地震的罗经鸟　　　　图3-1-13　海上拖缆地震的声学鸟

图3-1-14　海上拖缆地震水下系统位置示意图

图3-1-15　海上拖缆地震的发射靶　　　　图3-1-16　海上拖缆地震施工全图

　　海上拖缆地震勘探作业，是由船舶保持一定速度来拉直和维持深度的，并在勘探区域内按一定的速度沿测线航行，所以在作业施工过程中，物探船不能停下来，24小时在工区内循环作业，遇有障碍物，只能拖航躲避（图3-1-16）。

　　海底地震有海底电缆（OBC）和海底地震仪（OBS）两种施工方法。

　　海底电缆法是将检波器和电缆布设在海底，震源船则在海面航行激发的海上地震方法。它适用于水深小于200米的海域。

　　在浅海区或者是有平台的深水区，无法进行拖缆地震施工，就采用海底电缆的施工方法（见图3-1-17）。海底电缆方法，能屏蔽一些干扰信号，所采集的数据信噪比高，但是，该方法的效率偏低，只能适用于复杂海底的有利目标区勘探工作。

　　海底地震的实现方式是，地震船

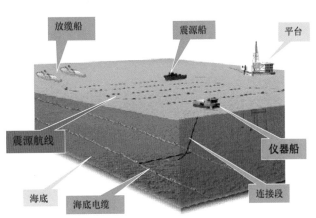

图3-1-17　海底电缆施工示意图

在海水中激发地震波,将检波器布设在海底记录震源激发的地震信号(见图3-1-18)。这种把检波器布设在海底的新方式与传统的拖缆地震采集相比,具有数据观测点位置准确、减少环境的干扰、采集的可重复性强、易于消除鬼波干扰等优点,尤其是可以在钻井平台密集或有其他障碍物的地方实施采集。

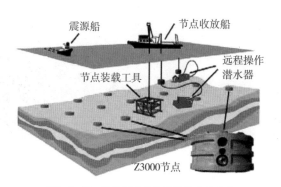

图3-1-18　海底节点地震采集技术示意图

海底地震采集的主要缺点是成本高,但是随着技术进步,其成本正在迅速降低。20世纪90年代海底采集成本是拖缆采集成本的5~10倍,而现在成本最低仅为拖缆采集的1.5~2倍,预计海底采集成本还会进一步降低。

2. 地震资料处理

地震资料处理就是利用计算机运用数学方法,对野外采集得到的地震数据,进行各种数字方法的处理分析等工作,以便得到能够清晰反映地下地层的形态、范围、深度和岩性等地质信息,为地震地质解释提供可靠的地震资料。

常规的处理步骤:预处理—水平叠加处理—叠加偏移处理。

预处理——把野外地震记录的格式转换成计算机能够识别的格式,这是预处理阶段的主要工作。

水平叠加处理——对多次观测的每个地震道,按反射点的位置叠加成一个道,逐点叠加,直到把一条测线的所有反射点做完。这样就可以得到一条反映地下地层形态的地震剖面,这个剖面叫水平叠加剖面。

叠加偏移处理——在水平叠加的基础上,把地下地层的形态在水平叠加剖面上的偏差纠正过来。地层倾角越大时这种偏差越大,这就更需要通过叠加偏移处理加以纠正。所以,叠加偏移处理也可以叫作纠偏处理,处理后才能得到反映地下地层真实形态的叠加偏移剖面。

地震资料的处理过程，可根据不同的数据特点及处理要求，利用不同的技术组合方式，为后续的解释提供可靠的地震剖面。

3. 地震勘探资料解释

地震勘探资料解释一般分为：构造解释、岩性解释和储层研究。

（1）构造解释。构造解释的基础性工作是：追踪同相轴和地震剖面的对比解释。

①追踪同相轴——在地震剖面上辨认和追踪有效波的同相轴；识别和辨认同相轴的基本原则是"振幅显著增强，波形相似，同相轴有一定的延伸长度"；不同的反射波的对比有三大标志：振幅标志、波形标志和相位标志。

②地震剖面的对比解释——是根据波的对比标志，在地震剖面上辨认和追踪感兴趣的地震反射层位。

地震剖面的具体对比方法为：

一是相位对比，相位对比的实现分强相位对比和多相位对比两种。

二是波组对比，波组是比较靠近的若干物性界面产生的反射波的组合，一般是由某一"标准波"及其邻近的几个反射波组成一组，具有一定波形特征且能稳定追踪。波组的对比可以减少穿层的危险。

三是剖面间的对比。在较小的范围内，地层一般是连续变化的，在相近的两条平行剖面上，其所反映的地质层位、构造形态、断层等地质现象应基本相似；对于同一异常现象，在相邻剖面上也应有所反映。

四是运用地质规律对比解释。决定地震剖面上地震波特征的最根本原因是地下地层和构造特征，应根据前人对工区资料研究获得的地质和地球物理信息来指导地震剖面解释。

③地震剖面的地质解释方法。

首先是反射标准层的选取，有三个标准：一是分布范围广，反射层能在较大的范围内进行连续追踪；二是反射波特征明显、稳定；三是所选的标准层能反映地下地质构造的主要特征，并能反映浅、中、深地层的起伏情况。

其次是层位标定，即在确定的地震剖面上的反射层所对应的地质层位。层位标定应根据所掌握资料来确定方法，可利用人工合成地震记录标定，可利用测井资料作层位标定，也可以利用临近区域的测井或其他能使用的资料进行标定。

最后是标准层的追踪。选定了标准层，并在连井剖面上将标准层的地质层位确定之后，接下来的工作就是在全区选择基干剖面。所选的基干剖面应包括主测线及联络测线，以组成一个基干剖面网为限。基干剖面的选择条件是：反射标准层特征清楚，能对比追踪较长距离；穿过主要的构造部位，构造特征清楚；断层少；连井剖面一般都应作为基干剖面。

（2）岩性解释和储层参数预测。

地震资料的岩性解释和利用地震资料作储层参数预测，对油气田开发过程的监测和管理是十分有用的。

①地震资料的岩性解释。

第一步，砂泥岩含量预测——用地震资料作预测判断目的层中砂岩地层所占的百分比。

第二步，井控约束反演——综合应用地震、测井、钻井、地质及实验室岩石物性研究成果的地震岩性反演方法。基本步骤：首先进行地震资料处理并用井孔资料标定；然后建立波阻抗模型；之后确定储层物性参数。

第三步，综合利用纵横波资料作岩性解释——仅靠单一的纵波资料难以实现全面的岩性解释，而且有多解性。纵横波资料的综合应用，明显拓宽了岩性解释范围，减少了多解性。

②储层参数预测。

孔隙度、渗透率和饱和度是储层参数中最重要的三个参数，地层压力也是一个重要的储层参数。就目前的地震勘探水平来说，地震资料可以较好地做出孔隙度和地层压力的预测。

第一步，用地震资料预测孔隙度——孔隙度预测是地震资料储存预测方法中发展较早的一种，具体方法有多种，可根据工区中可以利用的资料情况来选择具体预测方法。

第二步，地层压力预测——目前用于地震资料预测地层压力的方法，都是以地震层速度为基础资料进行的。

③地震资料预测油气。

第一种方法：从地震记录上寻找烃的直接标志（DHI）——DHI是指地震剖面上出现的与烃存在有关的异常，这些异常共有10个：亮点（见图3-1-19）、平点、同相轴下弯（速度下拉）、阴影区、低频现象、相位反转、同相轴中断、绕射波、暗点、气云。

第二种方法：振幅随炮检距变化（AVO）分析——AVO分析是在叠前对地震反射振幅随炮检距变化特征进行研究、分析。AVO分析的最初目的是分辨真假亮点，现在已发展成用途广泛的储层研究方法。

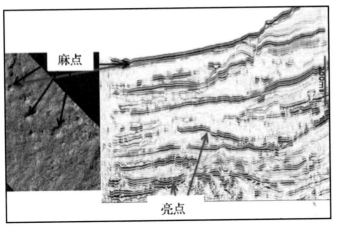

图3-1-19　地震剖面中的亮点示意图

第三种方法：神经网络油气预测方法——人工神经网络是运用计算机软件或硬件模拟人类大脑某些功能。神经网络的并行处理能力、分布式信息储存方式、自组织自学习能力、优异的模式识别能力，高度的容错性等优点，使得它自20世纪80年代中期以来，一直在各个领域发挥着重要的作用。

二、钻井勘探技术

地震、电法和重磁等地球物理勘探方法，只能间接地确定海洋石油在海洋中的位置，但究竟海底是否真正有石油？储量有多大？要真正回答以上问题，就必须通过钻井勘探来实现。

（一）钻井历史

人类最早钻井活动是从中国开始的。我国出土的公元前1500年前后的甲骨文中就已经有了"井"字。春秋战国时期的井深已达50余米，到唐朝时已超过140米。这个时期属于人工挖掘井阶段，井的直径大约为1.5米，人可以从井筒下到井底。最初钻井的目的是汲取地下水。

古代钻井技术大致可以分为大口浅井和小口深井两个阶段。北宋以前开凿的井一般为大口浅井，此后开凿的井多为小口深井。大口浅井是由人直接下到井底，用锹、镐等简单工具开挖出来的；小口深井是用专门的打井机械开凿而成，人们称它为卓筒井。

卓筒井的施工方法，是世界钻井史上的一项伟大创举。开采石油的钻井技术，最早是从中国古代发明的卓筒井技术开始的。后来该技术传入西方各国，推动了世界石油工业、采矿业的发展，因此，卓筒井技术被国外誉为世界石油"钻井之父"、中国的"第五大发明"。

钻井技术诞生至今已经历了四个阶段：

1. 大口径顿钻钻井

大约从西周末期（公元前8世纪）开始，随着冶铁业的发展，劳动工具改进，特别是机械工具，如滑轮、杠杆等的发明与应用，在中国出现了顿钻钻井技术。

2. 小口径顿钻钻井

从北宋初年开始，我国古代顿钻技术又有了重大发展。所有钻井工作都可由人在地面上操作完成，不再需要人员下到井下，所以钻井时井眼直径大大缩小。这就是小口径顿钻钻井，称为卓筒井。到了清代，中国已经形成了一套成熟的从定井位、安装开钻直至出盐卤或油气的现代钻井工艺流程。1835年钻成的兴海井首次突破千米大关，被誉为"世界钻井史上的丰碑"。

英国著名学者李约瑟博士在他的著作《中国科学技术史》中列举的由中国传到欧洲的20多项重大发明中，就有钻井技术这一项。他说："今天在勘探油田使用的这种钻深井或凿洞的技术，肯定是中国人的发明，比西方要早1100年。"

3. 近代顿钻钻井

从19世纪中叶到20世纪初，西方国家应用工业革命的成果，在我国古代顿钻基础上，用蒸汽机作动力，采用钢铁设备和工具，采用钢丝绳代替竹绳或麻绳，形成了近代顿钻钻井，也称机械顿钻。

4. 旋转钻井技术

1895年，一种全新的钻井方法——旋转钻井，在美国得克萨斯州的油田问世。通过转盘驱动钻杆，带动钻头旋转，连续破碎井底岩石，同时通过钻杆循环泥浆，连续不断地把钻屑带出地面。整个钻进可以连续进行，仅仅在加长钻杆时需要停顿。旋转钻井方法极大地提高了钻进效率。

（二）中国的钻井记录

英国著名学者李约瑟博士是研究中国古代科学技术发展史的专家，在他的著作《中国科学技术史》中说："中国的卓筒井工艺革新，在11世纪就传入西方，直到公元1900年以前，世界上所有的深井，基本上都是采用中国人创造的方法打成的。"

1. 世界上最早的气井

至今为止，世界上最早的气井是中国四川的临邛火井（今邛崃市），钻成于公元前30年的西汉时期。

2. 世界上生产时间最长的气井

世界上生产时间最长的气井是中国自流井气田的德成井，从1762年开始采气，至1955年日产气仍有1200米³，长达193年。

3. 世界上第一口千米"卓筒井"

1835年（道光十五年），中国打成世界第一口超千米的"卓筒井"，在四川省自贡市大安寨，深度达1001.42米。

4. 中国陆地第一口油井

1907年，清朝政府聘请日本人佐藤弥市郎，在陕北延长打油井一口，命名"延一井"（见图3-2-1）。它揭开了我国以工业方式开采石油历史性的一页。第一口油井日产原油仅有1吨多，但从此结束了我国陆上不能生产石油的历史，填补了旧中国民族工业的空白，在中国石油历史上起到了奠基作用。

5. 中国海上第一口工业油流井

1967年6月，石油工业部海洋勘探指挥部3206钻井队用自己设计制造的1号固定式桩基钢钻井平台，首次在渤海西部海1构造断裂带钻成海1井，井深2441米，在1615~1630米井段测试，折算该井日产原油35吨，天然气1941米³。这是渤海第一口发现井，也是我国海上第一口工业油流井，标志着中国海洋石油工业的发展进入了一个新阶段。

图3-2-1　中国陆上第一口油井

（三）钻井工具

1. 钻机

所有的钻井工作都离不开钻机。钻机是在地质勘探中，带动钻具向地下钻进，获取实物地质资料的机械设备，又称钻探机，主要作用是带动钻具破碎孔底岩石，下入或提出在孔内的钻具。可用于钻取岩芯、岩屑、气态样、液态样等，以探明地下矿产资源等情况。

钻机都由钻井架、钻杆柱、钻井泵组成。

钻井架（见图3-2-2）被安装在地面或平台上（海洋），由井架底座、钻杆架、钻台、顶部驱动液压动力头、井场值班室、坡道等构成。钻杆柱由钻头、钻铤、钻杆和转盘组成。

钻井方面最大的进步是由钻头的改进引起的。钻头分为刮刀钻头和牙轮钻头两类。

第一类是刮刀钻头，也称为鱼尾形钻头。由于在钻井时仅仅是以刮平井底的方式钻进，所以将其归为刮刀钻头。它们在钻井中起到了很好的作用，但是，当遇到较硬的地层时，刮刀钻头就不行了。

第二类为牙轮钻头，由于必须对较硬的地层进行有效钻进，石油行业开发了牙轮钻头。从20世纪50年代中期到90年代中期，牙轮钻头在石油行业中占主导地位（见图3-2-3）。

钻井泵由钻井液罐、钻井高压水龙带、立管、井泵组成。

钻井过程除使用钻机外，还必须使用柴油机、绞车、转盘驱动器、水龙头、水龙带、游动滑车、天车、泥浆泵、泥浆池、防喷泵等，将上述部件按照

图3-2-2　钻井架

图3-2-3　牙轮钻头

一定的要求，同钻杆、钻头等组合在井架周围（见图3-2-4）后，就可以开始钻井工作了。

2. 钻井工作过程

在钻具组合旋转时，被安装在钻柱末端的钻头在地层上钻孔。钻井泵把一种称为钻井液的液体从钻井液罐中注入钻柱内并从钻头喷出（钻柱和钻头是中空的）。钻头向下钻进时产生钻屑，钻井液把井底的钻屑携带到地面（或平台）。由此井底的钻屑被清除，钻头继续钻入地层产生新的钻屑，钻井液又把新产生的钻屑从井底带出，如此循环往复。

在大多数的作业中，当钻井井深达到一定深度时，把钻柱从井底起出，再新加一个单根钻杆（钻杆之间用螺旋连接在一起）（见图3-2-5和图3-2-6）。当钻头变钝时，需要更换钻头，从井下起出全部钻柱竖立在井架旁，把新钻头拧在钻柱的末端后，再把钻柱重新下到井中，继续钻井。随着钻井时间的增加，使用的钻柱（专业术语也称作钻具）也越来越长，就可以将钻井进展到新的纪录。除了为钻更大深度时必须增加新钻杆或者更换新钻头之外，这一过程实际是连续的，直到钻头到达目的地层。

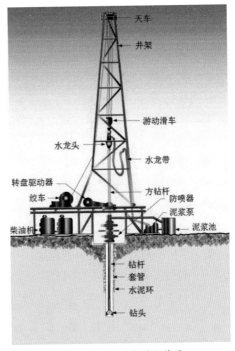

图3-2-4　钻井机械组装图

图3-2-5　石油钻杆及螺旋连接部位（螺母）

图3-2-6　石油钻杆及螺旋连接部位（螺公）

（四）测井

测井，也叫地球物理测井，是利用岩层的电化学特性、导电特性、声学特性、放射性等地球物理特性，测量地球物理参数的方法，属于应用地球物理方法（包括重、磁、电、震、核）之一。石油钻井时，在钻到设计井深深度后都必须进行测井（见图3-2-7），又称完井电测，以获得各种石油地质及工程技术资料，作为完井和开发油田的原始资料。

测井的方法很多，电测井（见图3-2-8）、声波测井、放射性测井是三种最基本的方法。

应用测井方法可以减少钻井取心工作量，提高勘探速度，降低勘探成本，同时还可以为解决如下问题提供可靠的资料。

①利用地球物理测井信息解释评价油、气、水层，计算含油气岩系的孔隙度、渗透率和含油（气）饱和度。

②利用测井信息研究生油层、盖层及油气的生、储、盖组合。

③利用测井信息研究油储储量参数、地下流体性质、分布状况。

此外，测井工作还可用于现代地应力场定量分析，预测和监测地层压力、破裂压力，为合理开发油气和科学钻探提供依据。

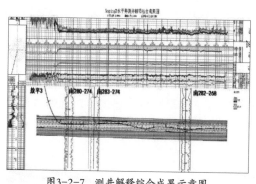

图3-2-7　测井解释综合成果示意图

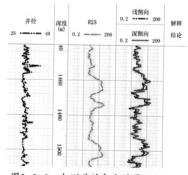

图3-2-8　电测井的部分结果示例

（五）录井

1. 录井和录井工程的定义

录井：用岩矿分析、地球化学、地球物理等方法，观察、采集、收集、记录、分析随钻过程中的固体、液体、气体等井筒返出物信息，以此建立录井地质剖面、发现油气显示、评价油气层，并为石油工程提供钻井信息服务的过程。

录井工程：以规模化录井工业生产为基础，以优化生产系统、提高生产率为目标，在石油地质学、地球化学、地球物理学、石油工程学、电子信息科学、计算机科学的基础上，多学科交叉形成的一门油气井工程学科。

录井技术是油气勘探开发活动中最基本的技术，是发现、评估油气藏最及时、最直接的手段，具有获取地下信息及时、多样，分析解释快捷的特点。

2. 录井的意义

根据现场综合地质资料、现场录井数据及综合分析化验数据，以现场录井服务技术的各类录井系统、分析仪器为手段，对油气勘探与开发作业现场的信息（包括工程录井、地质录井、气测录井、定量荧光录井、地化录井、热解气相色谱录井、核磁共振录井、现场化验录井、岩屑成像录井等）进行综合处理分析，实现对油气水层的准确评价。

3. 录井的技术历程

录井技术进入商业性服务已有五十多年的历史。初期录井服务包括深度测量、地质描述以及使用热导检测仪进行气测录井服务。随着录井技术的发展，仪器的更新换代，计算机技术的应用，使综合运用现场各种地质数据进行综合评价成为可能，工作效率大大提高。

第一，录井发展了综合评价技术。

①采用新的系统工具，如岩屑描述软件、岩心描述软件、完井报告编制软件为我们进行这些工作提供了模板、提高了工作效率和资料整理水平，实现了自动化；

②对现场采集的所有资料进行分门别类，剔除各种影响因素，使其反映地层情况，并综合分析研究，得出可信的结论；

③应用多井对比技术，根据邻井的各种录井资料、测井资料、随钻录井资料，利用计算机系统的多井对比软件可进行多口井的对比，从而建立区域构造剖面和地层剖面，据此进行随钻分析，及时修改设计，预报目的层段，卡准取心层位和完钻层位，确定完钻井深，指导钻井工程合理使用钻井参数。

第二，录井发展了数据管理与决策技术。

先进的综合录井系统就是一套数据管理和决策服务系统，该系统可以对钻井过程中的各种活动进行数据信息采集、存储、实时显示和处理。

通过钻井现场多种信息的计算机采集、处理、解释、分析、决策以及井场间多井联网、远距离数据传输等现代化手段，突破性地实现了在钻井过程中即时、定量发现油气层，现场地层评价，及时发现和解决钻井工程问题，从而可以缩短油气发现与评价周期、及时有效地进行油气层保护，达到更有效地为勘探服务的目的。

4. 录井和测井的比较

录井与测井相互作用，相互提高。

录井通过实时监测的参数，起到油气发现的眼睛、安全钻井的参谋的作用。

在油气发现与评价方面，与测井相比，录井可以对井下地层流体作定性评价，具有直观、定性、实时的特点。而测井则是将仪器在完井后直接下入井内进行测量，具有定量、间接的特点。

在安全钻井方面，通过实时监测的工程参数，可以及时发现工程事故隐患，减少工程事故，提高钻井效率，这也是综合录井仪最早、最基本的功能。

录井仪还有一个重要的作用，就是在水平井钻井过程中，通过钻时、气测、常规等参数，起到初步的地质导向作用，可以更好地完成水平井钻井任务。

通过录井来综合并判定油层。但是对以一些控制井比较多或很整装的油田，在整体开发时就只用测井或随钻测井来解释油层，这样可以解放钻井速度，一些开发井就不录井。

录井不可能代替测井。测井一般是钻进一段或钻完后必需的作业，但是录井在许多井往往不进行。

（六）完井

1. 完井定义

完井是指裸眼井钻达设计井深后，使井底和油层以一定结构连通起来的工艺，是钻井工作最后一个重要环节，又是采油工程的开端，与以后采油、注水及整个油气田的开发紧密相连。油井完井的质量直接影响到油井的生产能力和经济寿命，甚至关系到整个油田的合理开发。

2. 完井方法

根据生产层的地质特点，采用不同的完井方法：

（1）射孔完井法——钻穿油、气层，下入油层套管，固井后对生产层射孔，此法最为广泛采用。

（2）裸眼完井法——即套管下至生产层顶部进行固井，生产层段裸露的完井方法。此法多用于碳酸盐岩，硬砂岩和胶结比较好、层位比较简单的油层。优点是生产层裸露面积大，油、气流入井内的阻力小，但不适于有不同性质、不同压力的多油层。根据钻开生产层和下入套管的时间先后，裸眼完井法又分为先期裸眼完井法和后期裸眼完井法。

固井是当钻井达到预定深度后，下入套管并注入水泥浆，封固套管和井壁之间的环形空间。其作用是：封固疏松易坍塌或不同压力的地层，为继续钻进或完井生产创造条件；封隔含流体的地层，避免干扰；套管顶部可安装井口装置以控制井内高压流体。

套管一般有表层套管、技术套管和生产套管三种。套管下入的层数、尺寸和深度，根据地质条件和勘探开发的要求而定。深井广泛采用尾管,它可起技术套管或生产套管的作用，能节省大量的套管和水泥。

（3）衬管完井法——把油层套管下至生产层顶部进行固井，然后钻开生产层，下入带孔眼的衬管进行生产，此种完井法具有防砂作用。

（4）砾石充填完井法——在衬管和井壁之间充填一定尺寸和数量的砾石。

我们一般所说的完井指的是钻井完井也就是油气井的完成方式，即根据油气层的地质特性和开发开采的技术要求，在井底建立油气层与油气井井筒之间的合理连通渠道或连通方式。而现在完井的意义有了一定的扩展，包括钻井完井和生产完井。生产完井主要指的是钻井完井之后如何选择管柱、井口等来达到油气井的正常生产。

（七）储集层评价

储集层评价是指综合运用地质、钻井、测井和实验分析的资料，对储集层所处的成岩阶段、原生和次生矿物、各种孔（裂）隙的测定、分类、孔隙结构及它们对油气渗流的影响等进行全面研究和评价。按照有关规范对孔隙度、渗透率进行了分级，进而评价储集层级别。是油气勘探开发中的重要研究内容之一。

据油气勘探开发不同阶段储层评价的任务，分为单井储层评价、区域储层评价、开发储层评价和储层敏感性评价四大部分。

第四章

海洋石油的开发工程

石油的开采过程包括钻生产井、采油气、集中、处理、贮存及输送等环节。海上石油生产与陆上石油生产所不同的是，海上油气生产设备自动化程度高、布置集中紧凑。

一、海洋石油的开采技术

在海洋石油工程中，钻井工程往往要占总投资的50%以上。一个油气田的开发，往往要打几百口或几千口甚至更多的井。对用于开采、观察和控制等不同目的的井有不同的技术要求。在总结几十年开采钻井经验的基础上，为使钻井作业进度和质量不受影响，改进钻井技术和管理，降低钻井成本是关键。

（一）定向钻井技术

定向钻井技术是当今世界石油勘探开发领域最先进的钻井技术之一，它是由特殊井下工具、测量仪器和工艺技术有效控制井眼轨迹，使钻头沿着特定方向钻达地下预定目标的钻井工艺技术。采用定向钻井技术可以使地面和地下条件受到限制的油气资源得到经济、有效的开发，能够大幅度提高油气产量和降低钻井成本，有利于保护自然环境，具有显著的经济效益和社会效益。定向钻井就是使井身沿着预先设计的井斜和方位钻达目的层的钻井方法。

对于连续贯通多井的定向对接工程，主要受钻机能力、控向精度和造斜实钻控制水平等多种因素的制约，按照其钻井剖面主要有三种类型。

（1）两段型：垂直段+造斜段；

（2）三段型：垂直段+造斜段+稳斜段；

（3）五段型：上部垂直段+造斜段+稳斜段+降斜段+下部垂直段。

水平钻井是定向钻井的一种（见图4-1-1）。一般的油井是垂直或倾斜贯穿油层，通过油层的井段比较短。而水平钻井是在垂直或倾斜地钻达油层后，井筒转达接近于水平，与油层保持平行，使得长井段在油层中钻进直到完井。这样的油井穿过油层井段上百米以至两千余米，有利于多采油，油层中流体流入井中的流动阻力减小，生产能力比普通直井、斜井生产能力提高几倍。

定向钻井可广泛应用于斜向钻井、水平钻井和对接钻井（见图4-1-2）。

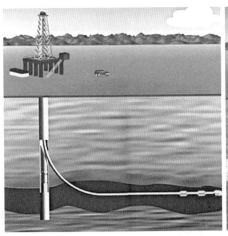

图4-1-1　水平钻井示意图

图4-1-2　水平钻井和对接钻井示意图

图4-1-3　穿过两个目的层的水平钻井示意图

图4-1-4　大位移水平钻井示意图

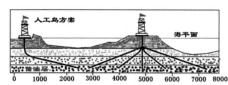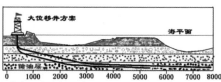

图4-1-5 人工岛与大位移井方案比较示意图

对接钻井技术主要是指采用定向钻井技术和水平对接钻井技术，使地面相距数百米的两井，在地下数百米的目的矿层直接采用钻井方法实现两井连通。

定向钻井目前已成为陆地和海上油田开发的主要手段。定向井在石油勘探与开发中得到了广泛的应用。在地面上难以建立井场和安装钻井设备进行钻井的地区，要勘探开发地下的油气资源，唯一的办法就是从该地区附近打定向井。在海洋或湖泊等水域上勘探开发石油，最好是建立固定平台，或采用移动式钻井平台，或从岸边打定向井、丛式定向井。当在钻达油气层所经过的地层中有难以穿过的复杂地层时，用定向井可以绕过这些复杂地层，称为绕障定向井。在发生断钻具、卡钻以及井喷着火等恶性事故的情况下，采用侧钻井、救援井是处理此类事故的有效方法。

近年来，各类水平井（见图4-1-3）、大位移井（见图4-1-4和图4-1-5）、多分支井（见图4-1-6）和二维及三维多目标井的出现和发展，更是把定向井的应用推进到了优化油藏开发方案，增加产量，提高采收率的范围。另外，在非石油勘探开发领域，例如煤层气、卤水、地热、天然气水合物、固体矿产等的勘探和开采，以及地下核试验的采样等，定向钻井技术也有着非常广泛的应用（见图4-1-7和4-1-8）。

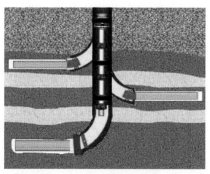

图4-1-6 多分支井方案示意图

图4-1-7 钻井勘探施工示意图1

图4-1-8 钻井勘探施工示意图2

定向钻井技术的使用，对提高新老油田的采收率、降低油田开发的成本、发展特殊地域的边际油田，都起到了决定性的作用，为老油田的剩余油开采提供了有利的技术支撑。

（二）旋转钻井技术

1. 旋转导向系统定义

旋转导向系统是在钻柱旋转钻进时，随钻实时完成导向功能的一种导向式钻井系统，是20世纪90年代以来定向钻井技术的重大变革。旋转导向系统钻进时具有摩阻与扭阻小、钻速高、成本低、建井周期短、井眼轨迹平滑、易调控并可延长水平段长度等特点，被认为是现代导向钻井技术的发展方向。

2015年5月4日，中国自主研发的旋转导向系统和随钻测井系统联袂在渤海完成钻井作业（见图4-1-9），掌握"贪吃蛇"钻井技术，中国在这两个技术领域打破了国际垄断，成为全球第二个同时拥有这两项技术的国家。

这标志着中国在油气田钻井、随钻测井尖端技术领域打破了国际垄断，可自主完成海上"丛式井"和复杂油气层的开采需求，有望大幅降低国内油气田开发成本，并为参与国际高端油田技术服务市场竞争增添重量级砝码。

2. 旋转导向系统的研发历史

2008年，在国家"863计划"的支持下，中国海油旗下控股公司中海油田服务股份有限公司（简称：中海油服），开始自主研发旋转导向钻井和随钻测井两套系统，历经艰辛探索，终于突破技术瓶颈，形成了具备自主知识产权的商标、系统技术和装备体系。

2014年11月18日，中海油服自主研发的旋转导向钻井和随钻测井系统首次联合完成海上作业。

2015年5月4日，中国自主研发的旋转导向系统和随钻测井系统联袂在渤海完成钻井作业，两套系统一趟钻完成813米定向井段作业，成功命中1613.8米、2023.28米和2179.33米三处靶点，最大井斜49.8°，最小靶心距2.1米，充分证明两套系统具备了海上作业能力。

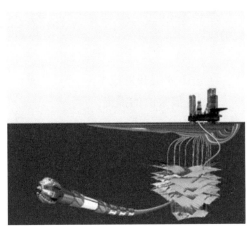

图4-1-9　旋转导向钻井示意图

3. 旋转导向系统技术特点

在旋转导向系统出现以前，多采用由泥浆马达驱动的滑动导向钻井系统实施导向钻井。该系统的特点是在钻井过程中钻柱不旋转，而是沿井壁轴向滑动，并通过滑动导向工具改变井眼的井斜角和方位角，从而控制井眼轨迹。旋转导向系统与滑动导向钻井系统相比，具有钻速快、井眼质量高、降低压差卡钻风险、可清洁井眼等优点。

4. 旋转导向系统重要价值

目前，全球超过40%的定向井采用旋转导向系统钻成，其优势在于能够实时控制井下钻进方向，实现类似于"3D版贪吃蛇"的钻具运行轨迹调整，从而一趟钻贯穿分布在"三维"区域内的目标地层——甚至可以让直径0.2米的钻头在0.7米的薄油层中横向或斜向稳定穿行（见图4-1-10），实现一趟钻"横向"移动1000米的长距离作业（见图4-1-11）。这种精准制导，对降低开发成本、最大化开发油气田资源具有重要价值。

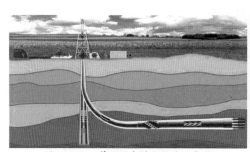

图4-1-10　薄油层中横向钻进示意图　　　　图4-1-11　横向长距离钻进示意图

根据全球范围的作业量统计，该技术每年至少为相关公司带来约200亿美元的收入。

（三）分层开采技术

1. 分层采油的提出

油井中有多套层系合采时，由于油层之间的压力、油层物理性质、原油性质等差异，往往互相干扰，使部分油层不能发挥应有的作用。为减少或消除层间干扰，应分层开采，包括分层采油、分层注水及其配套技术。

2. 分层采油的实现

单管分采——在开采多油层的生产井内，用封隔器将油层分隔成若干层段，用配产器来减少层间干扰，以便于井下作业和油井管理。在一口井中，一般可分 3~4 个层段进行分层采油。

多管分采——在一口井内下几根油管，一根油管开采一个层段，用封隔器将层段分隔开。此法可消除层间干扰，但在一口井中下的油管数要受井眼尺寸的限制，不能太多，而且井下工具和井口装置因管多而复杂化，通常多采用双油管分采两层。在抽油井中有时也进行分层采油。

3. 分层注水

用封隔器之间的配水器调节一口注水井中各层段的注水量，使各层基本上能按分层配水量定量注水。调整注水井的吸水剖面，控制超注层的注水量、增加欠注层的注水量，使各层中的水线推进比较均匀。通常分层注水为多个层段。层系比较简单时，可下一级封隔器，从油管和套管各注一层段。有时在一口井中也可下双油管，一组油管注一段。

4. 分层测试

分层采油前，要测试分层压力、产量和含水率，根据测试的资料来确定分采的层段和对各层段的调节措施。分层采油过程中，也要用测试仪器检查效果。常用的仪器有压力计、产量计和含水测定计。分层注水前，要用放射性同位素载体法或流量计测吸水剖面，根据测试的资料确定分注的层段以及控制和加强注水层段。分层注水过程中用同样测试方法定期检查。

（四）丛式井开采技术

1. 丛式井的出现

丛式井是指在一个井场或平台上，钻出若干口甚至上百口井，各井的井口相距不到数米，各井井底则伸向不同方位。即一组定向井（水平井），它们的井口是集中在一个有限范围内，如海上钻井平台、沙漠中钻井平台、人工岛等。

2. 丛式井的优点

丛式井的广泛应用是由于它与钻单个定向井相比较，大大减少钻井成本，并能满足油田的整体开发要求。丛式井广泛应用于海上油田开发、沙漠中油田开发等。丛式井主要有以下优点：可满足钻井工程上某些特殊需要，如制服井喷的抢险井；可加快油田勘探开发速度，节约钻井成本；便于完井后油井的集中管理，减少集输流程，节省人、财、物的投资。

3. 丛式井的特点

区别于单一定向井，丛式井的作业具有整体性和长期性，因此，无论是钻井技术上，还是管理上，丛式井作业有着自身的特点。

第一个特点：每一口定向井都必须完全达到设计标准，因为任何一口井都是油田整个井网的一部分，牵涉到油田的整体开发。

第二个特点：作业中期由于地质要求的变化，会导致后续钻井的难度增加。

第三个特点：若发生钻井事故，要恢复钻进比处理单个定向井复杂，这个道理是很简单的，因为每口井周围都有其他已完成井或设计要钻井，并且每一口井允许的轨迹变化范围是有限的，所以恢复钻进的选择余地较少。

4. 丛式井的程序化作业方式

由于丛式井作业是在一个地区或一个构造上进行，因此许多作业可以考虑以程序方式进行。

5. 丛式井的防碰设计

在丛式井设计和作业中，要在一个有限空间内完成几口、十几口井的设计和施工（见图4-1-12），满足油田开发的要求，往往会遇到井与井之间的防碰和绕障问题。

解决丛式井防碰问题无非两条：一是丛式井设计时尽量减小防碰问题出现的机会；二是施工时采取必要措施防止井眼相交。

在防碰井段，密切注意机械钻速、扭矩和钻压等的变化，并密切观察井口返出物，以此来辅助判断井眼轨迹的位置。

6. 丛式井的绕障技术

从根本上讲，绕障和防碰的性质是一样的，都是防止正在钻进的井与其他已完成井或障碍物相交（见图4-1-13）。但是绕障要求更严格、更精确，

图4-1-12　有限空间内的多井采油施工

图4-1-13　排列有序且不相交的丛式井示意图

允许的轨迹偏差更小。有时候，两个或几个套管的绕障作业在允许钻头通过时，只剩约0.2米左右的间隙。由此可见，绕障作业的最大技术难点是磁干扰严重。

绕障作业的技术措施：

绕障作业前，认真分析周围地层的结构，障碍物的情况，使用计算机防碰程序计算有关数据，绘出较大比例尺的防碰图，防碰图应同时包括水平投影图和垂直剖面图。

合理选择测量仪器。绕障作业通常是在强磁干扰环境中进行，因此如何选择适当的测量仪器至关重要。

绕障作业时，密切注意机械钻速、钻压等的变化。

选用合理的钻具组合和参数。如果绕障作业以转盘钻形成进行，应尽可能依靠地层方位的自然漂移绕过障碍物。

密切观察井口返出物，以此来辅助判断的位置。

（五）复杂结构井开采技术

复杂结构井是利用水平井或分支井挖潜厚油层剩余油，是老油田稳产增产的新工艺。应充分利用各采油单位的老井的剩余力量来增产。

在复杂地质条件下钻复杂结构井及特殊工艺井时，在地质和工程方面存在许多不确定性因素和复杂性问题。随钻导向、实时优化、井下动态诊断及其集成技术是解决这些难题的有效途径，将上述三项技术集成一个整体。这就是智能化钻井"导向—优化—诊断"集成系统总体结构设计方案。该系统能使地质条件透明化，使钻井过程简化并能提高钻井效率，有利于精确控制井身轨迹，可随钻分析钻柱（尤其是底部钻具组合、钻井工具）的力学行为，能优化钻井过程，实时识别和处理井下异常工况，能降低钻井成本约20%。

（六）稠油热采技术

1. 稠油的定义

顾名思义，稠油是一种比较黏稠的石油。因其黏度高，密度大，国外一般都称之为重油，我们习惯称之为稠油，这是相对稀油而命名的。稠油和稀油的直观对比，我们可以看到稀油像水一样流动，而稠油却很难流动，这是稠油黏度高造成的，有的稠油像"黑泥"一样，可用铁锹铲，用手抓起。用科学的语言说，就是稠油的流动性太差了，这样黏稠的油，自然很难从地下采出。

2. 稠油的特点

稠油具有特殊的高黏度和高凝固点特性。

稠油的特性决定了其开发是机械降粘、加热、稀释降黏、化学降黏、微生物单井吞吐、抽稠工艺等降低黏度的开发技术工艺。

稠油开发技术中，化学降黏技术所使用的化学药试剂对地层有污染危害；微生物采油技术其技术含量高且费用大。目前，稠油开采的适宜使用技术是稠油热采，稠油热采因费用低、效率高、工艺方法较简单，其明显的优越性在油田的开发中被广泛应用。

稠油热采技术主要包括蒸汽吞吐、蒸汽驱、火烧油层以及与稠油热采配套的其他工艺等。

3. 稠油的性质

稠油的黏度高、流动性极差，在不同温度下有不同的流变特性。当油温高于原油析蜡点时，稠油中的蜡晶基本上全部溶解于原油中，其黏度是油温的单值函数。当油温由析蜡点降至异常点的过程中，蜡晶会不断析出，颗粒浓度随之增加。

当油温低于异常点时，原油中析出的蜡使体系内部的物理结构发生质的变化。原油黏度不再是温度的单值函数，表现为假塑性流体特性，并且伴随有触变性。当油温降至失流点或凝固点以下时，蜡晶析出量大大增加，体系中分散颗粒的浓度也相应增大，颗粒开始相互连接成网，此时的原油具有触变、屈服——假塑性流体特性。

4. 稠油的温度

高凝高含蜡稠油中蜡晶的形成和聚结直接受温度的影响。当稠油温度高于析蜡温度时，一方面，油中的蜡晶颗粒会部分或全部溶解；另一方面，沥青胶质将高度分散，减小了结蜡凝固的可能性。随着稠油体系的冷却，蜡晶将按分子量的高低依次不断析出、聚结、长大，使油凝固，同时沥青胶质也依次均匀地吸附在已析出的蜡晶或共晶上长大，加剧了稠油的凝固。稠油的温度越低，其黏度越高，越不利于开采。

油井生产时油流从井底向井口的流动过程中，温度是逐渐降低的。

温度降低的因素，主要有两个：一个与地温梯度有关，即油流上升过程中由于地层温度是逐渐降低的，因而油流通过油管和套管不断把热量传给地层，使油流体本身温度降低。另一个因素与稠油中气体析出有关。当气体从稠油中分离出来时，体积膨胀，流速增加，因而需要吸收一部分热量，使稠油本身温度降低。

5. 稠油的开采方法

通过优化注采参数，合理配置降黏剂、二氧化碳和蒸汽用量，将胶质、沥青质团状结构分解分散，形成以胶质、沥青质为分散、原油轻质组分为连续相的分散体系。

①冷采技术。

降低温度使地层中形成"蚯蚓洞"可提高油层渗透率，而形成泡沫油则为油层提供了内部驱动能量。该技术对地层原油含有溶解气的各类疏松砂岩稠油油藏具有较广泛的适用性。

②添加降黏剂。

乳化液在孔隙介质中的流动过程是一个复杂的随机游走过程，降低界面张力，提高毛细管数可改善稠油油藏开发效果。向生产井井底注入表面活性物质——降黏剂，它在井下与原油相混合后产生乳化或分散作用，原油以小油珠的形式分散在水溶液中，形成比较稳定的水包油型乳状液体系。在流动过程中变原油之间内摩擦力为水之间的内摩擦力，因而流动阻力大大降低，达到了降黏开采的目的。

③电加热。

电热采油工艺开采稠油、超稠油（见图4-1-14），在技术上是成熟的。但它的可行性是建立在电力成本低或者原油价格高的基础上。

④地下燃烧。

地下燃烧即通常所说的火烧油层（见图4-1-15）。受热的通道为可流动的原油到达生产井提供流路后，随即实施油藏点火和注空气，蒸汽／燃烧法的综合应用，可在薄油藏以及持续注蒸汽无经济效益的油藏得到较高的经济效益。

⑤蒸汽辅助重力泄油技术。

蒸气辅助重力泄油技术是开发超稠油的一项前沿技术，该方法的主要机理是热传导与流体热对流相结合（见图4-1-16、图4-1-17、图4-1-18、图4-1-19）。以蒸汽为热源，依靠注入蒸汽与加热的油和水之间的密度差来实现重力泄油作用而开采稠油。利用直井+水平井组合技术，大幅度提高油井周期产量。这项技术为稠油、超稠油开采接替技术开辟了新的领域。

⑥掺稀油开采。

它不像掺活性水降黏开采，掺水后的油水混合液要到联合站去脱水，脱

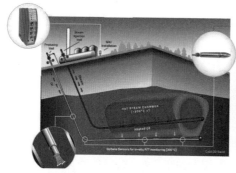

图4-1-14 电加热开采稠油示意图

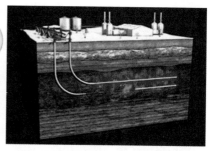

图4-1-15 火烧油层的稠油采集示意图

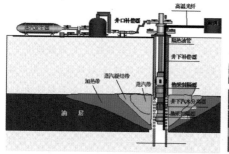

图4-1-16 单井注入蒸汽单井采集稠油示意图

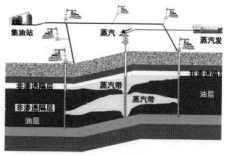

图4-1-17 单井注入蒸汽两侧双井采集稠油
示意图

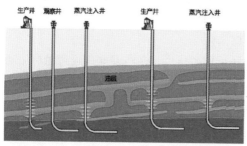

图4-1-18 双井注入蒸汽双井采集稠油示意图

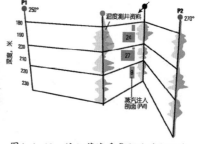

图4-1-19 注入蒸汽采集稠油过程温度
监测示意图

下的水还要解决出路问题，增加了原油生产成本；有些区块附近无稀油源，掺稀油也比较麻烦。这项技术的可行性和合理性决定于原油的价格。

⑦微生物驱油。

通过细菌在油藏环境中繁殖，细菌生长代谢，对原油产生降解作用，生成的代谢产物使固—液界面性质、渗流特性、原油物化性质发生变化，从而提高了洗油效率。微生物作用可降低原油高碳链烃含量及原油黏度。

⑧地热辅助采油技术。

统计结果表明，地层温度与油层埋深成正比，埋藏越深、温度越高。利用丰富的地热资源，包括深层高温流体，将大量的热量带入浅油层，降低原油黏度，提高原油流动能力。为减少热损失，最好不进行油、气、水分离，而且最好不经过地面，直接注入目的油层。

6. 稠油的开采流程比较

掺稀油流程——该流程降粘效果好，但设备较多，计量、管理难度大。目前国内已很少采用，加之稀油资源缺乏，因此不宜采用。

井口直接加热流程——该流程涉及三种加热方法与技术：井口加热炉加热法、电加（伴）热法、掺蒸汽或蒸汽伴热法。

井口加药集油流程——井口加药集油流程是在油井井口加入降黏剂，降低原油在输送过程中的黏度，便于稠油的输送。井口加药集油流程可以有效降低稠油黏度，整个集输过程都将受益，但是这种流程存在缺点：一是加药装置太分散，不易管理；二是加药浓度大，药剂价格较高，运行成本相对较高；三是加入的降黏剂将原油与产出水进行乳化，从而达到降低输送黏度的目的，但加入的降黏剂对后续的原油脱水不利，因原油脱水加入的是破乳剂，两种药剂药性正好相逆，目前还没有找到既能降黏又不影响后续原油脱水破乳的药剂。

掺水集油流程——稠油掺热水集油流程是近年来发展起来的新流程。这种流程的优点：一是降粘效果优于掺稀油和直接加热。若原油含水达到65%以上，这时属于水中"漂油"，管中原油的表观黏度很小。二是井口无运行设备。三是掺入的水为游离状态，稠油很难乳化，在转油站只脱掺水，实现掺水闭路循环使用。但这种集油流程计量站的设计较为复杂，需要建设掺水阀组和掺水管线。

（七）油藏驱动类型采油技术

油藏驱动类型是指油层开采时驱油主要动力。驱油的动力不同，驱动方式也就不同。油藏的驱动方式可以分为五类：水压驱动、弹性驱动、气压驱动、溶解气驱动和重力驱动。实际上，油藏的开采过程中的不同阶段会有不同的驱动能量，也就是同时存在着几种驱动方式。

1. 水压驱动

油藏开采后由于压力下降，周围水体对油藏能量进行补给，这就是水压驱动。当油藏的边部或底部与较广阔的天然水域相连通时，油藏投入开采之后，含油部分产生的地层压降，会连续地向外传递到天然水域，引起天然水域内的地层水和储层岩石的累加式弹性膨胀作用，同时造成对含油部分的水浸作用。天然水域越大，渗透率越高，水驱作用越强。依照能量补给而使油藏压力的保持情况不同，水压驱动又分为刚性水压驱动和弹性水压驱动两种。

刚性水驱：天然水域的储层与地面具有稳定供水的露头相连通，可形成达到供采平衡和地层压力略降的理想水驱条件，此时地层压力基本保持不变，此种情况称为刚性水驱。

弹性水驱：当边水、底水或注入水较少时，不能保持地层压力不变，则称为弹性水驱。

2. 弹性驱动

弹性驱动是依靠油层岩石和流体的弹性膨胀能驱油的一种驱动方式。驱油动力是油藏本身的弹性膨胀力，该类驱动的油藏常常是断层封闭或岩性封闭油藏。

发生条件：油藏无原生气顶；油藏无边水或底水、注入水；开采过程中油藏压力始终高于饱和压力。

开采特征：地层压力随时间增长而下降；产油量随时间增长而减少；生产汽油比为一常数。

3. 气压驱动

当油藏存在气顶，气顶中的压缩气为驱油的主要能量时称为气压驱动。若油藏进行人工注气也可形成气压驱动。气压驱动与气顶中的气体压头的优势作用有关。气压驱动在气顶边缘的运动中表现出来。气压驱动的主要条件是开发区上的油层压力下降，而这种油层压力下降现象，传到气顶就引起了气顶的膨胀。

气顶驱油藏的有效开发，有赖于气顶区的膨胀体积与含油区因开发的收缩体积之间保持平衡。

注意事项：

尽量避免引起气顶气沿高渗透带形成气窜，而绕过低渗透带的原油，并在油气接触面的油井形成气锥。

尽量避免由于气顶区的压力下降和气顶的收缩，致使原油侵入收缩部分的气顶区，形成难以再采出的原油饱和度。

4. 溶解气驱动

在没有外部能量补充的情况下，油藏开发是一个不断消耗自身能量的过程。当地层压力低于饱和压力时，原来溶解在石油中的天然气会逐渐分离出来，形成气液两相流动。这种依靠膨胀驱动力将原油驱替到井底的开采方法称为溶解气驱。溶解气驱动能量的大小主要取决于油层中原油溶解气体的数量。

条件：气泡膨胀驱油向井底，气泡膨胀驱动能量为主要驱动能；油藏应无边水，无气顶或有边底水而不活跃；地层压力低于饱和压力。

开采特点：地层压力随时间增长而较快下降；油井产量也随时间增长以较快速度减少；气油比开始上升很快，达到峰值后又很快下降。

5. 重力驱动

对于一个无原始气顶和边底水的饱和或未饱和油藏，当其油藏储层的向上倾斜度比较大时，就能存在并形成重力驱动的机理靠原油的自身重力将油驱向井底时，即为重力驱油。

条件：重力驱油藏一般具备倾角大、厚度大及渗透性好等条件。

石油开采的特点与一般的固体矿藏相比，有三个显著特点。

第一个特点是，开采的对象在整个开采的过程中不断地流动，油藏情况不断地变化，一切措施必须针对这种情况来进行，因此，油气田开采的整个过程是一个不断了解、不断改进的过程。

第二个特点是，开采者在一般情况下不与矿体直接接触。油气的开采，对油气藏中情况的了解以及对油气藏施加影响进行的各种措施，都要通过专门的测井来进行。

第三个特点是，油气藏的某些特点必须在生产过程中，甚至必须在井数较多后才能认识到。因此，在一段时间内勘探和开采阶段常常互相交织在一起。

（八）海底工厂

在一些特定的情况下，海底油气开采与陆地上相比具有更大的经济优势。在海底，除了有比较成熟的水下生产系统外，海底增压、海底油气水分离、水下油气处理等工艺也逐渐成熟，海上油气开采正在向着海底化发展。

2012年，挪威国家石油公司提出的"海底工厂"概念，是用于开采天然气的全海底生产模式（见图4-1-20），该设想预计2020年安装在北海的某油田。"海底工厂"主要包括海底增压系统、海底气体压缩系统、海底分离与产出水回注系统以及未净化海水输送系统等4个部分。

图4-1-20　海底工厂概念图

（九）浮式LNG

浮式LNG（或FLNG，见图4-1-21）是一种多功能的浮式生产装置，集开采、处理、液化、储存和装卸天然气的功能于一身，并通过与液化天然气（LNG）船搭配使用，实现海上天然气田的开采和天然气运输，克服了海上开采天然气通过管道输送到陆上液化厂进行液化，或是至管道终端将天然气储存再与陆上管道相接外输的传统资源开发方式的局限性。

浮式LNG与传统方式相比，投资减少20%，建设工期缩短25%。

图4-1-21　壳牌公司建造的全球第1座FLNG

图4-1-22　Azurite 号FDPSO

（十）FDPSO

FDPSO是集钻井、生产、储卸油于一体的平台，即在浮式生产储油卸油（FPSO）的基础上增加钻井、修井功能。通过模块化设计，实现钻井功能和开采功能的灵活转换。这种一体化设计节约了钻井平台的使用，经济性非常好。

2009年1月新加坡某公司为Murphy石油公司建造世界上第1艘具有钻井功能的浮式生产储油卸油装置——Azurite号FDPSO（图4-1-22），该平台能适应水深1400米的深水勘探开发工作。

二、海洋石油钻井平台

（一）海上石油钻井平台简介

随着人类对油气资源开发利用的深化，油气勘探开发从陆地转入海洋。海洋钻井是高新技术密集、多专业综合的作业也必须在浩瀚的海洋中进行，海上油气钻井施工时，几百吨重的钻机要有足够的支撑和放置的空间，同时还要有钻井人员生活居住的地方，海上石油钻井平台就担负起了这一重任。由于海上气候的多变、海上风浪和海底暗流的破坏，海上钻井装置的稳定性和安全性更显重要（见图4-2-1）。

图4-2-1　海上石油钻井平台

从2004年开始，将石油钻井平台分为海上钻井平台和陆地钻井平台两类。

海上钻井平台主要是用于钻探井的海上结构物。平台上装钻井、动力、通讯、导航等设备，以及安全救生和人员生活设施，是海上油气勘探开发不可缺少的手段。主要分为移动式平台和固定式平台两大类。其中按结构又可分为：

移动式平台——坐底式平台、自升式平台、钻井船、半潜式平台、张力腿式平台、牵索塔式平台。

固定式平台——导管架式平台、混凝土重力式平台、深水顺应塔式平台。

固定式钻井平台大都建在浅水中，它是借助导管架固定在海底而高出海面不再移动的装置，平台上面铺设甲板用于放置钻井设备。支撑固定平台的桩腿是直接打入海底的，所以，钻井平台的稳定性好，但因平台不能移动，故钻井的成本较高。

为解决平台的移动性和深海钻井问题，又出现了多种移动式钻井平台，主要包括：坐底式钻井平台、自升式钻井平台、钻井浮船和半潜式钻井平台。

1. 坐底式钻井平台

坐底式钻井平台又叫钻驳或插桩钻驳，适用于河流和海湾等5～30米的浅水水域。平台由沉垫、立柱和平台甲板三部分组成（见图4-2-2），坐底式平台有两个船体，上船体又叫工作甲板（见图4-2-3），安置生活舱室和设备，通过尾郡开口借助悬臂结构钻井；下部是沉垫，其主要功能是压载以及海底支撑作用，用作钻井的基础。两个船体间由支撑结构相连。这种钻井装置在到达作业地点后往沉垫内注水，使其着底。因此从稳定性和结构方面

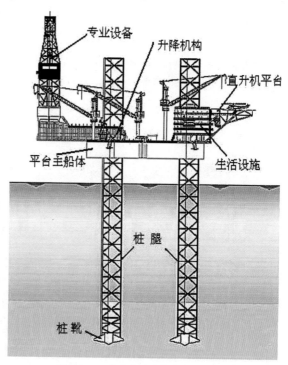

图4-2-2　坐底式石油钻井平台结构图

看，作业水深不但有限，而且也受到海底基础的制约，所以这种平台发展缓慢。沉垫可以是整体式，也可以是分离式。向沉垫内灌水，平台即下沉坐落在海底。把水排出,平台就能浮起，故这种平台又有沉浮式之称,要求沉得下，坐得稳，浮得起。

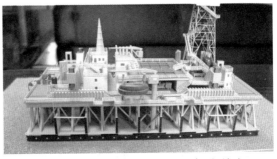

图4-2-3　坐底式石油钻井平台工作甲板模型

2. 自升式钻井平台

由平台、桩腿和升降机构组成（见图4-2-4），平台能沿桩腿升降，一般无自航能力。工作时桩腿下放插入海底，平台被抬起到离开海面的安全工作高度，并对桩腿进行预压，以保证平台遇到风暴时桩腿不致下陷。桩腿结构可以是封闭壳体式，也可以是构架式。桩腿升降机构，有电动液压式和电动齿轮齿条式。船体平面形状可以是三角形、矩形或五边形，其特点是浮运方便,作业时稳定性好，适用水深为5～90米。完井后平台降到海面，拔出桩腿并全部提起，整个平台浮于海面，驳船式船体下降浮于水面，即可拖运到另一地点。该型钻井平台造价较低、运移性好、对海底地形的适应性强，因而，中国海上钻井多使用自升式钻井平台。

钻井平台桩腿的高度总是有限的，为解决在深海区的钻井问题，又出现了漂浮在海面上的钻井船。

3. 钻井船

钻井船是浮动式钻井平台，把钻井设备安装在船体上，靠锚泊或动力定位系统定位，在漂浮的状态下钻井（见图4-2-5）。一般都有自航能力，可在几百米或上千米水深的海域工作，但对风浪极为敏感。按其推进能力，分为自航式、非自航式；按船型分，有端部钻井、舷侧钻井、船中钻井和双体船钻井；按定位分，有一般锚泊式、中央转盘锚泊式和动力定位式。浮船式钻井装置船身浮于海面，易受波浪影响，但是它可以用现有的船只进行改装，因而能以最快的速度投入使用。钻井船的排水量从几千吨到几万吨不等，它既有普通船舶的船型和自航能力，又可漂浮在海面上进行石油钻井。由于钻井船经常处于漂浮状态，当遇到海上的风、浪、潮时，必然会发生倾斜、摇摆、平移和升

图4-2-4　自升式钻井平台　　　　　图4-2-5　浮动式钻井平台

降现象，因此钻井船的稳定性是一个非常关键的问题。目前，海上钻井船的定位常用的是抛锚法，但该方法一般只适用于200米以内的水深，水再深时需用一种新的自动化定位方法。

4. 半潜式钻井平台

半潜式钻井平台由坐底式平台发展而来，主要由上部结构、下潜体、立柱及斜撑组成（见图4-2-6），其外形与坐底式平台相似，上部结构装设全部钻井机械、平台操作设备以及物资储备和生活设施。下潜体有靴式、矩形驳船船体式、条形浮筒式，它是一个由顶板、底板、侧壁和若干纵横仓壁组成的空间箱形结构，水密性较高，能提供较大的浮力，作业时下潜体灌入压舱水使其潜入水下一定深度，靠锚缆或动力定位。拖航时排出压舱水，使下潜体浮在水面。在浅水区作业时可使下潜体坐落在海底，类似坐底式平台。甲板处于水上安全高度，水线面积小，受波浪影响少，稳定性好、自持力强、工作水深大。新发展的动力定位技术用于半潜式平台后，工作水深可达900~1200米。半潜式与自升式钻井平台相比，其优点是工作水深大，移动灵活；其缺点是投资大，维持费用高，需有一套复杂的水下器具，有效使用率低于自升式钻井平台。到目前为止，半潜式钻井平台已经历了第一代到第六代的历程。

5. 牵索塔式钻井平台

牵索塔式钻井平台是靠塔支撑，该塔则用对称布置的缆索将其保持正浮状态（见图4-2-7）。牵索塔式平台比导管架式平台、重力式平台更适合于深水海域作业，它的适用范围在200~650米。

6. 固定平台

固定平台按其结构特性和工作状态可分为固定式、活动式和半固定式三大类。固定式平台的下部由桩、扩大基脚或其他构造直接支撑并固着于海底（见图4-2-8），按支承情况分为桩基式和重力式两种。活动式平台浮于水中或支撑于海底，能从一井位移至另一井位，按支承情况可分为着底式和浮动式两类。近年来正在研究新颖的半固定式海洋平台，它既能固定在深水中，又具有可移性，张力腿式平台即属此类。

7. 桩基式平台

桩基式平台是在软土地基上应用较多的一种平台，由上部结构（即平台甲板）和基础结构组成。上部结构由上下层平台甲板和层间桁架或立柱构成。甲板上有钻采装置、动力装置、泥浆循环净化设备、人员的工作与生活设施和直升机升降台等。基础结构（即下部结构）包括导管架和桩。

桩支承全部荷载并固定平台位置。导管架由导管（即立柱）和导管间的水平杆和斜杆焊接组成，钢桩沿导管打入海底。打桩完毕后，将桩与导管架两者的空隙内用水泥浆等胶结固定成一个整体，可以承受巨大的纵向和横向荷载。桩基式平台建造时，一般先在陆地上预制导管架，再用驳船拖运就位进行安装。

图4-2-6 半潜式钻井平台

图4-2-7 牵索塔式钻井平台

图4-2-8 海上固定钻井平台的固定方式示意图

8. 重力式平台

依靠自身重量维持稳定的固定式海洋平台。主要由上部结构、腿柱和基础三部分组成（见图4-2-9）。基础分整体式和分离式两种。整体式基础一般是由若干圆筒形的舱室组成的大沉垫。沉垫也可采用平板分仓的蜂窝式结构，其侧表面可做成多波形或平板形。分离式基础用若干个分离的舱室做基础，它对地基适应性强，受力明确，抗动力性能好，腿柱间距大，在拖航及下沉作业时较安全。钢重力式平台，也属于分离式基础型，由钢塔和钢浮筒组成，浮筒也兼作储油罐。钢筋混凝土重力式平台。上部结构和腿柱用钢材建造，沉箱底座用钢筋混凝土建造。平台的底部通常是一个巨大的混凝土基础（沉箱），用三个或四个空心的混凝土立柱支撑着甲板结构。这种平台的重量可达数十万吨，正是依靠自身的巨大重量，平台直接置于海底。

图4-2-9　重力式钻井平台

9. 张力腿式钻井平台

张力腿式钻井平台是利用绷紧状态下的锚索产生的拉力与平台的剩余浮力相平衡的钻井平台。

张力腿式钻井平台也是采用锚泊定位的，所用锚索绷紧成直线，不是悬垂曲线，钢索的下端与水底不是相切的，而是几乎垂

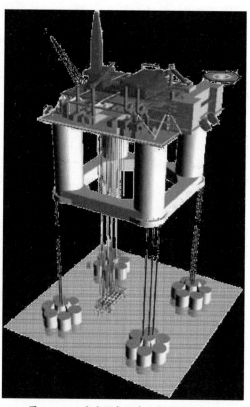

图4-2-10　张力腿式钻井平台模型示意图

直的。张力腿式平台的重力小于浮力，所相差的力量可依靠锚索向下的拉力来补偿，而且此拉力应大于由波浪产生的力，使锚索上经常有向下的拉力，起着绷紧平台的作用。

张力腿式平台，上部结构是浮体，通过收紧锚固在海底的缆索（见图4-2-10），使浮体的吃水深度比静平衡状态大一些，浮力大于浮体重力，剩余浮力由缆索的张力来平衡。当平台受到扰动力时，缆索张力改变而产生弹性变形，因此，平台只产生微量位移。缆索可竖向或斜向布置。在深水海域，张力腿式平台造价小、施工相对简单，适用于开采周期较短的深水井小型油田。

（二）钻井平台的适应范围

海上钻井平台技术发展到今天，已经形成了多种多样的平台形式和构成（见图4-2-11），每一种平台都自有其优缺点和一定的适应使用范围。

图4-2-11　多种多样的海上钻井平台形式示意图

移动式平台，由于机动性能好，故一般均用于钻井。坐底式平台特别适合于浅海及岸边的潮间区油田的钻井和采油工作。自升式平台和半潜式平台主要是供钻井之用，当油田的规模很小而又不宜设置固定式平台时，也可作采油用。活动式平台整体稳定性较差，对地基及环境条件有一定的要求。

固定式平台整体稳定性好，刚度较大，受季节和气候的影响较小，抗风暴的能力强。缺点是机动性能差，一经下沉定位固定，则较难移位重复使用。桩基平台属钻井、采油平台，工作水深一般在十余米到两百米的范围内，是目前世界上使用最多的一种平台。从设计理论和建造技术来衡量，它是一种最成熟和最通用的平台形式。钢筋混凝土重力式平台是20世纪70年代初开始发展起来的一种新型平台结构，目前主要用于欧洲的北海油田。这种平台具有钻井、采油、储油等多种功能，水深在200米以内均可采用，最佳水深为100~150米。

半固定的张力腿式平台及牵索塔式平台是两种适合于大深度海域（200米以上）的平台结构，是近年来发展起来的新结构，具有明显的优点，仍处于研究试制的阶段。

（三）钻井平台的发展历程

世界现代石油工业最早诞生于美国宾夕法尼亚州的泰特斯维尔村。随着人类对石油研究的不断深入，到20世纪，石油不仅成为现代社会最重要的能源材料，而且其五花八门的产品已经深入到人们生活的各个角落，被人们称为"黑色的金子"和"现代工业的血液"，极大地推动了人类现代文明的进程。近海石油的勘探开发已有100多年的历史。1897年，在美国加州Summer-land滩的潮汐地带上首先架起一座76.2米长的木架，把钻机放在上面打井，这是世界上第一口海上钻井。1932年，美国得克萨斯公司造了一条钻井驳船"Mcbride"，到路易斯安那州Plaquemines地区"Garden"岛湾中打井。这是人类第一次"浮船钻井"，即这个驳船在平静的海面上漂浮着，用锚固定进行钻井。1933年这艘驳船在路易斯安那州Pelto湖打了"10号井"，钻井进尺5700英尺（1英尺=0.3048米，下同）。1947年，John Hayward设计的一条"布勒道20号"平台支撑件高出驳船20多米，平台上备有动力设备、泵等。它的使用标志着现代海上钻井业的诞生。

1953年，Cuss财团建成的"Submarex"钻井船是世界第一条钻井浮船，它由海军的一艘巡逻舰改装建成，在加州近海3000尺（1尺=0.33米）水深处打了一口取心井。1954年，第一条自升式钻井船"迪龙一号"问世，有12个圆柱形桩腿。随后，1956年造的"斯考皮号"平台是第一座三腿式的自升式平台，用电动机驱动小齿轮沿桩腿上的齿条升降船体。1962年，壳牌石油公司用世界上第一艘"碧水一号"半潜式钻井船钻井成功。

随着海上钻井的不断发展，人类把目光移向更深的海域。半潜式钻井平台就充分显示出它的优越性，在海况恶劣的北海，更是称雄，与之配套的水下钻井设备也得到发展，从原来简单型逐渐趋于完善。半潜式钻井平台的定位一般都是用锚系定位的，而深海必须使用动力定位。第一条动力定位船是"Cussl"，能在3657米水深处工作，获取183米的岩芯。在这之后出现了动力定位船"格洛玛·挑战者号",它于1968年投入工作,一直用于大洋取心钻井。世界上真正用于海上石油勘探的第一条动力定位船是1971年建成的"赛柯船445"钻井船,工作水深在动力定位时可达600米以上。

半潜式平台有自航和非自航的。动力定位船所配套的水下设备是无导向绳的水下钻井设备。后来,钻井平台又有新的形式出现。

(四)中国海洋钻井平台概况

中国石油工业起步比较晚,20世纪50年代末,当时的石油工业部领导提出了"上山下海,以陆推海"的海洋石油发展大略。1963年,在对海南岛和广西地质资料进行详尽分析的基础上,决定在南中国海建造海上石油平台。1966年12月31日,中国的第一座正式海上平台在渤海下钻,并于1967年6月14日喜获工业油流,从此揭开了中国海洋石油勘探开发的序幕。

1981年地质矿产部为了开展海洋石油勘探,决定建设一台半潜式的海洋钻井船,取名叫"勘探3号"。1984年6月由上海708研究所、上海船厂、海洋地质调查局联合设计,上海船厂建造的中国第一座半潜式钻井平台——勘探3号建成。

2008年6月6日,中国石油天然气集团公司宣布,目前全球最大的坐底式钻井平台——中油海3号坐底式钻井平台安全抵达冀东南堡油田。该平台投用后,大大提高中国石油滩海地区勘探开发的能力。

中国自主设计、建造的超深水半潜式钻井平台"海洋石油981"(船),于2010年2月26日出坞,2012年5月9日在中国南海首钻成功。

三、深海油气开发工程

石油界将海域按深浅划分为浅海(水深500米以内)、深海(水深在500~1500米范围内)和超深海(水深超过1500米)。海洋油气勘探开发的重点正逐渐向深海转移。随着勘探开发技术的进步,世界海洋油气勘探开发不断刷新作业水深纪录,深海技术装备发展很快,研发不断取得新的突破。能从事深海油气勘探开发并掌握相应的核心技术是世界级石油公司的重要标志之一。我国的三大石油公司在深海油气勘探开发领域总体上处于起步阶段,要建成世界级石油公司,应加快发展深海业务和深海技术,逐步增加境外的海上权益产量,包括深海权益产量。

（一）挺进深远海

1982年通过、1994年生效的《联合国海洋法公约》，将国际海底区域及其资源确定为全人类共同遗产，并设立国际海底管理局，专门管理国际海底区域及其资源，同时兼有保护海洋环境、推动深海科研以及保护海底文化遗产的义务。但美国等西方主要工业国家对此持有异议，至今美国仍然不是公约成员国。

为体现人类共同继承财产的基本原则，并鼓励对海底资源的勘探开发和保护海洋环境，国际海底管理局以勘探规章和采矿规章对国际海底资源勘探开发活动进行管理，陆续制定了《"区域"内多金属结核探矿和勘探规章》《"区域"内多金属硫化物的探矿和勘探规章》和《"区域"内富钴结壳的探矿和勘探规章》等。

目前，美国、英国、法国等国已完成了专门针对深海资源勘探开发的国内立法。

（二）深海资源丰富

所谓深海海底区域，是指领海、专属经济区和大陆架之外的深海大洋海底部。深海海底区域蕴藏着极其丰富的资源，主要有多金属结核、富钴结壳、多金属硫化物、天然气水合物和深海生物基因等。

多金属结核的资源总储量达3万亿吨，广泛分布在世界各个大洋4000～6000米深的海底，含有锰、铜、钴、镍、铁等70多种元素，具有极高开发价值。

多金属硫化物主要出现在2000多米水深的大洋中脊和断裂活动带上，是一种含有铜、锌、铅、金、银等多种元素的重要矿产资源，其富集程度远超过陆地，具有良好开发远景。其中海底热液硫化物由于富含贵金属，矿藏量大，水浅易开采，有望成为深海采矿的首采对象。

富钴结壳矿是生长在海底岩石或岩屑表面的一种结壳状自生沉积物，主要由铁锰氧化物组成，富含铁、锰、钴、镍、钛等金属及稀土元素，潜在资源量达10亿吨，平均含量较陆地原生钴矿高出几十倍。勘探表明，目前最具开采潜力的结壳矿床位于赤道附近的中太平洋海底。

天然气水合物又称可燃冰，资源总量约等于世界煤炭、石油、天然气总储量的两倍，是一种潜力极大的新型清洁能源，主要分布在北半球，以太平洋边缘海域最多。

此外，深海海底还蕴藏丰富的海洋生物资源，约有23万种生物，占全球生物量的87%，是地球表面生物多样性最丰富的地区。

海洋中蕴藏着丰富的石油与天然气资源约占全球油气资源总储量的70%。目前全世界有60多个国家在开展深水油气勘探，近5年来全球的重大油气发现有70%来自于深海。国际石油界已形成共识，海洋油气特别是深水油气资源将是全球油气资源接替的重要区域。中国南海油气储量巨大，约占我国油气总资源量的1/3，其中70%蕴藏于深水区，被誉为"第二个波斯湾"，加之国际地缘政治与战略安全的考虑，可以说深水油气开发对于我国能源供给保障、经济社会发展乃至国家战略安全等均具有重要意义。

近年来全球新增的油气发现量主要来自于海上，尤其是深水区。2012年，全球超过1500米水深的总发现储量接近16.3亿吨油当量，相当于陆上的6倍，接近浅水的3倍。2011年全球排名前十的大油气田发现中，6个来自深水区，且全部都是亿吨级油气田发现。2012年全球排名前十的油气田发现全部来自深水区。2013年全球深水油气产量已超过5亿吨油当量，占全球海上油气产量的20%以上，并且这个比例还将逐年提高。

（三）深海面临的挑战

1. 气候挑战

深水作业必然遇到风、浪、流、冰等恶劣气候的挑战。海洋石油的勘探开发历史上就发生过因极端气候条件，而造成许多重大海洋石油勘探开发的事故，比如1979年中国的"渤海2号"、2011年俄罗斯的"克拉"号钻井平台的沉没，都是在拖航过程中遭遇恶劣天气所致。

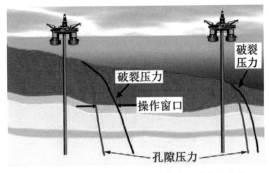

图4-3-1 深水与浅水压力梯度窗口对比示意图

2. 水深挑战

水越深，与水深相关的一系列问题就越敏感。当海水深度增加时，孔隙压力和破裂压力之间的窗口就变小（见图4-3-1），对钻采装置平台的载荷要求也就提高，钻井控制难度就加大，使井眼尺寸、钻井深度都受到限制，出现钻井事故的概率也就增大。

3. 低温挑战

海水温度一般随水深增加而降低，据计算，1000米水深温度约为4℃，3000米水深温度为1~2℃。温度降低会给钻井和开发带来许多问题，如钻井液流变性变差致使勘探开发难度增加。同时，深水海底高压低温的环境极易形成天然气水合物，给深水油气开发带来极大风险。钻采过程易导致水合物分解，分解后压力的释放将会造成地层承载力丧失和海底地基沉陷，井眼、套管及井口装置、防喷器等都会因失去承载支撑而发生破坏性改变，丧失对井内压力的控制还有可能导致井喷。

（四）中国迈向深海的步伐

《中华人民共和国深海海底区域资源勘探开发法》已经正式实施。这对我国公民、法人或其他组织在国家管辖范围以外海域从事深海海底区域资源勘探、开发活动，和持续健康利用深海海底区域资源具有重要意义。

我国政府批准设立了中国大洋矿产资源研究开发协会（简称中国大洋协会），专司国际海底资源研究开发的组织协调，作为先驱投资者向联合国海底管理局申请矿区登记，并为维护我国海洋权益和满足海洋资源开发的需要提供帮助。多年来，我国积极参与国际海底区域活动，先后组织开展了40多个大洋调查航次，相继申请获得了多金属结核、多金属硫化物、富钴结壳等资源勘合同区，发展了以"蛟龙"号载人潜水器、"海龙"号无人缆控潜水器、"潜龙"系列无人无缆潜水器为代表的深海勘查技术装备，为人类认识深海、和平利用深海资源发挥了重要作用。

（五）中国走向深海的战略规划

1. 制定了我国长期的战略规划

将开发海洋资源、发展海洋产业作为我国长期战略，制定符合时代特征的高层次的海洋开发发展战略规划，同时加强政策指导，提高海洋资源开发和经济发展的整体效益。加大重点产业扶持力度，培育和打造具有国际竞争力的深海资源开发利用企业，推动深海矿产资源开发产业化。

2. 完善海洋管理体制与法规建设

实施海洋综合管理是保护海洋环境，合理有序开发利用海洋资源与空间，贯彻可持续发展战略的有效措施，也是当前国际海洋管理发展的趋势。应建立集中、综合的海洋管理体制和协调机制，强化海洋管控能力，加快海洋法制建设。

3. 实施海洋资源开发"走出去"战略

除了要在国内实行可持续发展战略外，还必须综合运用外交、科技、贸易等途径参与国际资源市场博弈，既充分挖掘本国海洋资源潜力，也采取各种形式，多元化利用国际海域资源。

4. 增强科学技术的支撑作用

根据需要，制定海洋科技发展计划，确定重点，实行高技术先导战略，形成高技术、关键技术、基础性工作相结合的战略部署。积极发展海洋资源勘查技术、低成本高效益海洋资源利用技术、海洋资源深加工技术、海洋装备技术、海洋环境保护和生态修复技术体系。重点支持以载人深潜器和无人遥控潜水器技术为核心的深海勘探和采样技术的研发。

5. 加强海洋环境与生态保护

开采深海海底矿产将直接影响海底环境，专家建议建立健全海洋环境监测体系，控制污染物排放总量，减轻环境污染和生态破坏的压力。积极开展海洋生态系统的保护、恢复、修复和建设，切实保护海洋生物多样性。加快推进海洋保护区网络建设，加强对海洋油气开发、海洋工程和船舶运输等活动的管理，把海洋经济快速增长建立在海洋生态良性循环的基础上。

（六）中国的深远海油气开发技术达到了世界最先进水平

"海洋石油981"的研发成功和在中国南海的首钻告捷，标志着中国的海洋油气勘探开发已经跨入世界最先进水平（见图4-3-2）。

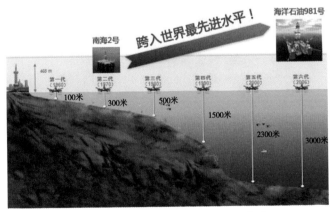

图4-3-2 中国海洋油气走向深远海示意图

1. "海洋石油981"——深海的希望之星

中国建造的世界最先进的第6代钻井平台，该钻井平台长114米，宽89米，平台正中是约56层楼高的井架，高136米，自重30670吨，是当今世界最先进的第6代3000米深水半潜式钻井平台（见图4-3-3）。它于2010年2月26日在上海顺利出坞；具有勘探、钻井、完井与修井作业等多种功能，最大作业水深3000米，钻井深度可达10000米；平台甲板面积相当于一个标准足球场大小，平台上电缆总长度650千米，相当于围绕北京四环路的10圈；平台总造价约60亿元。

2. "海洋石油981"的6个世界首次

首次采用南海200年一遇的环境参数为设计条件，提高了平台抵御环境灾害的能力；

首次采用3000米水深范围DP3动力定位、1500米水深范围锚泊定位的组合定位系统；

首次突破半潜式平台可变载荷9000吨，为世界半潜式平台之最；

中国国内首次成功研发世界顶级超高强度R5级锚链，引领国际规范的制定；

首次在船体的关键部位系统地安装传感器监测系统；

首次采用了最先进的本质安全型水下防喷器系统，在紧急情况下可自动关闭井口。

图4-3-3 "海洋石油981"近景图

3. "海洋石油981"的建造历程

2008年12月，第一只分段结构完工；

2008年12月，第一只分段涂装完工；

2009年4月，第一个总组段完工；

2009年4月20日，平台坞内铺底；

2009年7月，水平横撑搭载完成；

2009年8月，立柱搭载完成；

2009年9月11日，上船体开始搭载；

2009年9月，双层底搭载完成；

2009年11月，主船体贯通；

2009年12月30日，钻台搭载；

2010年1月28日，生活楼搭载；

2010年2月26日，"海洋石油981"深水半潜式钻井平台出坞；

2012年5月9日，首钻成功。

4. "海洋石油981"的参建单位

项目研究由中海油研究总院牵头，并集中了大连理工大学、上海交通大学、中国石油大学、中国船舶工业集团公司、中国科学院力学研究所、上海外高桥造船有限公司、大连船舶重工集团有限公司等中国国内诸多海洋工程领域研究优势单位的力量。项目于2006年10月开始，2010年12月结题。

5. "海洋石油981"的国家支持与领导关系

海洋石油"981"开工建造以来，得到了党和国家领导人的高度关注，该平台设计建造关键技术攻关列入了"十一五"期间国家863计划项目和国家科技重大专项。2009年4月22日，胡锦涛总书记在青岛海工场地听取了关于"海洋石油981"的汇报，他十分关心并仔细询问了该平台的钻探性能。2008年11月22日，国务院总理温家宝在上海考察大型企业期间，专门参观了该钻井平台的模型。"海洋石油981"的研究和建造工作得到中华人民共和国科学技术部、中华人民共和国国家发展和改革委员会等相关部委的大力支持。

四、海洋油气开发应急预案

在钻井、完井和生产期间，井可能会失控或发生井喷。发生井喷时，后果非常严重，有时还会发生火灾（见图4-4-1和图4-4-2）。发生类似情况时，通常要遭受巨大损失，而且控制费用非常昂贵。在极少数情况下，甚至造成人身伤亡。控制和恢复的费用少则几百万美元，多则数亿美元。

图4-4-1 墨西哥石油平台火灾事故

图4-4-2 渤海3号钻井平台发生倾斜事故

（一）建立应急预案机制

在从事海洋油气勘探开发工作之前，就应该根据所在海域和所使用的采油工程技术装备，建立相应的平台事故应急预案（见图4-4-3），并在开工前对所有相关人员进行严格的培训和演练，以免发生事故时措手不及，给生命和财产造成损失。

（二）技术预防措施

在制定海洋油气的开发方案时，就应该考虑到可能遇到的突发情况，根据所使用的技术方法，以及所对应的开发对象（油、气、水合物或其他）和所

图4-4-3 钻井平台发生事故时的应急预案示意图

处的海区环境（深水、浅水及离岸远近），制定相应的技术处理预案，并对相应的技术施工人员进行模拟演练（见图4-4-4和图4-4-5）。

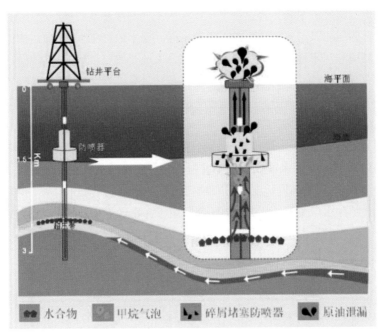

图4-4-4　钻井平台预防发生井喷的技术预案示意图

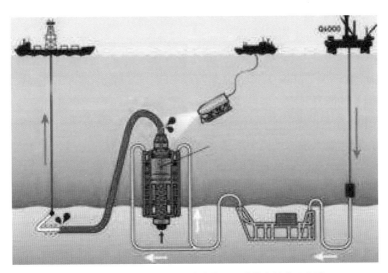

图4-4-5　钻井平台预防发生海底泄漏的技术措施示意图

五、深水钻井工程现状

深水油气工程，是在海洋深水区域围绕石油、天然气等资源的勘探、开采及储运而实施的系统工程，是海洋深水区油气勘探开发的核心业务，涉及多学科专业领域。其与近海浅水油气工程不同，深水油气工程必须面对更为复杂的海洋环境和深水地层条件，面临"下海、入地"的双重挑战，需要采用浮式钻采作业平台，建立安全稳定的水下井口与钻采系统，使用专门的深水装置与控制系统及水下机器人等，是一项复杂的系统工程，具有高科技、高投入、高风险及高回报的"四高"基本特征。

据近几年的深水钻探资料统计数据显示：全球钻井能力达到1万米，并可在超过3000米的深水区作业的钻井船有15艘，海上施工的最大起重能力为14000吨，深水管道铺设长度达到12000千米，可在水深超过2000米的水下进行维修作业的深水区采油装置超过204座。由于深水区勘探技术的复杂性和高风险性极大地制约了深水区油气勘探的成功率，目前只有美欧少数工业发达国家掌握了深水勘探核心技术。

目前，我国深水油气勘探开发与国外的差距主要体现在深水油气工程技术与装备方面。虽然我国建成了部分深水油气工程重大装备，但距离形成系统的深水作业能力还有很大差距，还不能满足我国深水油气勘探开发的重大需求，与之配套的深水作业能力还处于探索阶段。

（一）深水钻井装置特点

大型化——甲板可变载荷、平台主要尺度、载重量、物资储存能力等各项指标都趋向于大型化，以增大作业的安全性、可靠性、全天候的工作能力和长时间的自持能力。

配套设备更先进——深水关键设备向着自动化、信息化、智能化、大功率、高压力、高效率、更加安全与环保的方向发展。

隔水管更长——深水施工时所需要的管道更长，性能要求更高。

成本高——每个平台的成本高达几亿甚至是十几亿元，成本急剧升高。

（二）深水钻井工程技术密集

进入21世纪以来，深水钻井工程在国外石油工程技术发展中，涌现出了一批重大关键技术和前沿技术。包括旋转导向钻井技术、控压钻井技术、智能钻杆技术、连续起下钻及连续循环钻井技术、折叠式连续套管、獾式钻探器、微震监测技术、无缆地震采集技术、油藏纳米机器人、三维成像测井技术、随钻地层流体分析与采样技术、高导流能力压裂技术、水平井段数倍增技术和快速压裂技术等。

（三）中国深水海洋装备投入不足

从中国海洋装备造船业基本情况分析，当前中国还没有一家真正意义上的专门从事海洋石油钻采设备的专业造船公司。

从海洋装备研究机构情况来看，中国专门从事海洋装备研究的机构较少，具有系统研究海洋石油钻采装备的机构则更少。

从中国海洋石油装备制造情况来看，生产成套海洋石油钻机、海洋水下生产系统等具有较大影响和规模制造能力的企业相对较少。

进入21世纪以来，中国在海洋石油钻采装备技术方面，与发达国家之间还存在多个方面的差距，主要体现在：海洋石油装备专业化程度偏低；海洋石油装备数量少、类型单一；海洋石油装备适应水深、钻深能力较差；海洋石油装备配套基础差、能力不足；海洋石油装备研究机构少、投入不够。

第五章

石油的运输

一、石油的陆地运输

（一）石油运输的多种方式

当前，石油运输有三种基本方式：海洋运输、管道运输和铁路运输。不同的运输方式对于运输规模、运输效益及地缘关系可能带来不一样的影响。

海洋运输具有运量大、通过能力强、运费低的特点，是当前国际石油贸易中最主要的运输方式；但是，由于国际石油贸易运输量大，而一些关键的运输通道，如霍尔木兹海峡、马六甲海峡、巴拿马运河、苏伊士运河等较为狭窄，其间还有地区局势动荡、恐怖袭击等问题，因此，海上运输存在一定的安全隐患。

管道运输具有运量大、安全性高、方便快捷，且不受气候影响等优点；但是，管道运输必须按一定的线路进行，产生过度依赖路径问题。

铁路运输具有能灵活调整运量的优势；但是，铁路的运量有限，而且运费高。

（二）近距离的陆路运输

近距离的运输，一般是指原油从油田到炼油厂的运送；成品油从炼油厂到消费目的地的运送。其运输方式有管道运输、水路运输、铁路运输和公路运输。

原油的运输多以管道运输为主（见图5-1-1），管道运输是连接石油生产和消费的纽带，是促进油田开发、石油资源有效利用的最重要手段。中国原油供应炼油厂是以管道直接运送和管道、水路联运为主。

陆上油田向炼油厂供应原油大致有四种方式：

一是通过管道直接将原油输送到炼油厂；

二是先由管道输送到石油码头，然后经港口转水运输送炼油厂；

三是先由管道输送到铁路，然后由火车输送到炼油厂；

四是直接由铁路输送到炼油厂。

成品油从炼油厂运送给消费者多采用两程运输：

一程运输是由炼油厂到油库，主要由输送量大的管道、油轮和铁路运输；

二程运输是由油库到消费者，输送量较小而且输送点分散，多采用公路油罐车运输（见图5-1-2）。

图5-1-1　陆上的原油输油管道网

图5-1-2　成品油的公路运输

（三）长距离的石油运输管道专线

现在，陆上石油生产是我国石油生产的主体，年产量约占总年产量的3/4。陆上石油生产技术成熟，长期积累了丰富的安全生产经验。我国石油天然气的长距离运输和大容量存储集中在陆上进行，所以，油气储运安全工作的重点在陆上。

1. 在国内石油和天然气管道已形成"天罗地网"

目前，我国天然气管道在川渝、环渤海及长三角地区已经形成比较完善的区域性管网，中南地区、珠三角地区也基本形成了区域管网主体框架。川渝地区环形管网输配能力达到200亿米³/年，环渤海和长三角地区管网系统输送能力超过210亿米³/年和150亿米³/年。

近几年来，中国液化天然气发展很快，已建或拟在建项目主要分布在中国东部以及东南沿海。东南沿海地区管网输送能力约为120亿米³/年。

在东北、西北、华北、华东和中部地区形成了区域性的输油管网。东北地区管网总长约3000千米，年输油能力约4500万吨；西北地区原油管道总长度约6600千米，年输油能力约5000万吨；华北地区总长约2000千米，年输油能力约1700万吨；华东地区输油管网总长约4500千米，年输油能力超过12000吨；中部地区管道总长约2500千米，年输油能力超过1500万吨。

成品油管道近年来得到较大的发展，在西北、西南和珠三角地区已建成骨干输油管道，形成了"西油东运、北油南下"的格局。

2. 在国际上油气进口"多方谋划"

随着国内经济的快速发展，中国已经从1993年开始，由石油出口国变为石油净进口国。并且在2004年进口原油达到1亿4千万吨，对外依存度超过50%；2016年中国原油对外依存度升至65.4%，这一水平和美国历史最高值（66%）非常接近。极高的原油对外依存度，决定了每年需要大量的进口石油。由于我国进口石油的海上通道过于单一，非常不符合国际原油储备的要求。为开辟新的进口原油路径，在过去的十几年中，中国政府及相关的工作人员与企业，在中国周围谋划了多方石油进口管道专线。

（1）已经建成线路。

①中哈石油管道。

中哈石油管道西起哈萨克斯坦里海沿岸的阿特劳，向东经过哈萨克斯坦的肯基亚克和阿塔苏，最终到达中国新疆的独山子石化公司，管道全长3000多千米，其中哈萨克斯坦境内2800多千米，中国新疆境内240多千米，管道由中哈双方投资30亿美元建设。

中哈石油管道新疆阿拉山口至精河段104千米，设计每年输油能力为2000万吨。中哈管道，对中国来说，可以减少对中东石油的过分依赖，可以获得便捷安全、长期稳定的原油供应。而哈萨克斯坦也为大量生产的原油建立稳定可靠的销售市场。

在建设中哈石油管道的同时，作为管道终端的新疆独山子石化公司已开始筹建1000万吨炼油和120万吨乙烯项目。

②中亚、里海的石油管道。

美国把中亚作为其战略重点，因为中亚、里海有丰富的石油资源。美国极力推举的里海耗资40亿美元的石油管道工程于2005年正式输油。这条石油管道改变了本地区的地缘政治和地缘经济。

目前，里海地区共有六条石油输送管道：

第一条是阿特劳—萨马拉石油运输管道；

第二条是巴库—新罗西斯克管道；

第三条是巴库—苏普萨管道；

第四条是哈萨克斯坦的吉兹—新罗西斯克石油管道；

第五条是哈萨克斯坦的肯基亚克—里海附近的阿特劳管道；

第六条是巴库—杰伊汉的石油管道。

在苏联解体以后，许多国际石油公司涌入里海地区，围绕这一石油宝库的所有权、开发权及管道的走向等展开激烈的争夺。在中亚、里海形成了几个大国角逐石油市场的局面，里海中亚"油气管道走向之争"因此开始趋向激烈。由于运输管线是油气流通的生命线，因此，谁控制了它谁就掌握了经济发展的话语权。

③太平洋石油管道（中俄原油管道）建设的"一波三折"。

第一，中俄石油管道建设的初拟时期（1994—2002年）。

1994年，俄罗斯尤科斯石油公司向中国提议修建从安加尔斯克到中国大庆的石油管道（即"安大线"），计划每年向中国输油3000万吨。1996年，中俄两国政府签署合作协议将石油管道项目列入其中。2002年12月，中俄两国元首签署《中俄联合声明》表示：保证已达成协议的中俄原油和天然气管道合作项目按期实施。然而，石油管道项目迟迟得不到落实。

第二，中日俄博弈时期（2003—2005年）。

2003年1月，俄罗斯、日本签署俄日能源合作计划，提议修建安加尔斯克至远东港口纳霍德卡的石油管道（即"安纳线"）。2004年6月，俄工业和能源部长表示，"安大线"和"安纳线"均未通过。

第三，决定及建设时期（2005年以后）。

2005年1月，中俄签订俄罗斯向中国出口4840万吨石油的协议，中国则向俄方提供60亿美元贷款。2009年2月，中俄签署从斯科沃罗季诺到中国边境的石油管道设计、建设和运营协议，中国向俄罗斯两家石油公司提供250亿美元的贷款。同年的4月和5月，俄罗斯和中国境内石油管道分别开工建设。2010年9月27日，起于斯科沃罗季诺止于中国大庆的中俄原油管道竣工，全长1030千米，设计年输油量1500万吨。2011年1月1日，中俄原油管道投入使用。

从1994年的管道建设的初拟时期，到2011年1月1日投入使用历时17年。

（2）规划中的石油管道专线。

①一个大胆的设想：开凿一条横穿泰国南部，全长102千米，400米宽，水深25米，适合远洋大船进出的运河。运河建成以后，船只不必经过马六甲海

峡，不必绕道马来西亚和新加坡，可直接从印度洋的安达曼海进入太平洋的泰国湾。

对于这个耗资巨大（估计在200亿美元以上）的工程，应该是缓解中国石油运输压力的备选方案。

②亚西安管线：现在东南亚诸国正在联合修建一条"亚西安管线"，从印度尼西亚产油地连接新加坡，然后到马来西亚，再到泰国。

现在这个管线已经从马六甲连到新加坡了。

③筹备建设的通往缅甸的石油运输管道：这为拥有石油资源235亿吨、天然气资源10亿米^{3}的南中国海资源，提供了一个油气输运通道。

3. 油气在管道长距离输运中的安全问题

油气管道运输方面正朝着大口径、大流量的方向发展，管道除输送原油和天然气外，还输送成品油和其他液体。目前，我国石油和天然气储运安全问题，与发达国家相比，我们还有一定的差距。

我国油气管道事故率为平均每年每一千千米有3次，远高于美国的每年每一千千米0.5次，而欧洲的为每年每一千千米0.25次。

我国的事故率是美国的6倍，欧洲的12倍！

未来几年，随着我国经济的进一步发展，将进入一个石油管道建设和发展的高峰期，而我国管道安全及完整性管理的技术水平，还不能适应其快速的发展要求。对石油管道的诊断、监测、应急救援、法规标准支撑技术等方面还有待完善，相关的法律、法规及标准还不健全，因此，我国石油管道安全所面临的形势十分严峻。

二、石油的海洋运输

（一）油船运输

油船运输是指使用油船将散装原油和成品油从一个港口运送至另一个港口，是海上运输的重要组成部分，开始于19世纪中期。

1. 油船运输的发展历程

海上石油运输始于19世纪中期。1861年，双桅帆船"瓦茨·伊丽莎白"号横渡大西洋，首次用整船运送桶装石油到达英国。此后用帆船运输木桶装石油持续了一段时期。大批量运输桶装石油既不能充分利用船舶载重量，也难以缩短装卸时间，因而运输成本高。加上船舶的消防设施简陋，不少运油船舶在海上发生失火事故。这都要求改变桶装石油运输，于是出现了运输散装石油的船舶。起初，人们把普通货船的货舱改装成圆筒形金属罐，用以盛装散装石油。经过不断改进，19世纪80年代成功地设计建造了第一艘装运散装液体的现代油船。它是以船体作为装载石油的庞大容器。为解决分票与自由液面效应问题，又用纵向和横向隔壁将货舱分隔成许多专门的金属槽——油舱。自此，桶装石油运输逐渐为散装石油运输所取代。

2. 油船运输的特点：

（1）有防护措施。

石油是具有易燃、易爆、膨胀、挥发及有毒等理化性质，油船和装卸石油的港口或泊位，要有一系列能保持石油处于正常状态的设施和相应的防护措施。

（2）单向运输。

往返航次中，油船有一半的航程是空载航行。为了提高油船的利用率，须根据货源情况，尽可能地安排走三角航线，或者经洗舱后在返程中装运其他散装货物，如部分化学品（依货舱涂层级别而定）等。

（3）批量大、运距长。

此外，油船可在外海以浮管连接进行装卸作业，不受码头前沿与进港航道水深的限制，装卸效率也高。因此，在长航线上选配载重量大的油船，会取得显著的营运经济效果。这是促使油船不断向大型化方向发展的主要原因。

3. 油船运输的概况

20世纪50年代，随着石油生产和国际贸易的发展，油船运输能力和运量增长十分迅速。1980年世界油船的吨位已达1.75亿吨，占世界商船队总吨位的41.7%；运量16.65亿吨（其中原油14.20亿吨，成品油2.45亿吨），占世界外贸海运量的45.8%。

石油运量急剧增长的原因是：

①第二次世界大战后世界经济迅速恢复和发展，能源消费结构发生了变化。从20世纪60年代中期起，石油在世界能源中的比重已超过煤炭而跃居首位。

②中东、北非地区对石油的开发使石油产量迅猛增加。

③世界石油资源分布不平衡。大部分石油产地远离主要需求石油的国家。

在油船运输能力和石油运量急剧增加的同时，石油的平均运输距离也在大幅度增长。1960年石油平均运距为4300海里，1974年增至7100海里。

这首先是因石油输出地和输入地发生了变化。20世纪70年代，中东和非洲地区已成为主要的石油输出国，日本则成为主要的石油输入国，美国也由石油输出国转为石油输入国。

其次是因为1967年苏伊士运河因中东战争而封航，来往欧亚航线上的船舶必须绕道好望角航行，从而延长了航程。

4. 航线

航线分原油航线和成品油航线。原油航线又分长程航线和中短程航线。

长程原油航线有波斯湾—好望角—西欧、北美运输线，波斯湾—龙目海峡—望加锡海峡—日本运输线，这两条航线是重要的国际石油航线。大型和超大型油船即使绕航好望角，其运输成本也是较低的。波斯湾—日本航线由于不受运河限制可以使用大型油船，超大型油船虽受马六甲海峡限制，但也可绕经龙目海峡。所以，这些航线主要使用20万吨以上的大型和超大型原油油船营运。

中短程原油航线有：波斯湾—苏伊士运河—地中海—西欧、北美航线，非洲—西欧、北美、拉美航线，中东—澳新航线，拉美—北美、西欧航线，印尼—日本、美国航线。自1980年苏伊士运河拓宽加深后，已可通过15万吨级的油船，所以，中短程原油航线主要由15万吨以下的中小型原油油船营运。

1980年成品油贸易约占石油贸易总量的15%。在成品油主要进出口地区和国家中，除中东、加拿大出口，西欧、日本进口外，美国、拉丁美洲及东南亚既是进口也是出口的主要国家和地区。成品油航线分为从炼油厂直接运送至消费地的分配航线和从成品油过剩地区运输至短缺地区的调剂航线。分配航线需同时载运多等级的成品油，由技术先进或专门设计订造的载重量为3～7万吨的成品油船营运。调剂航线只需载运单一等级或有限等级的成品油，常由载重量几千吨至几万吨的成品油油船营运。所用油船的吨位视具体航线的起讫港泊位的水深和货批量而异。

5. 发展趋势

今后油船运输发展的趋势是：

①调整运力和运量之间的不平衡。在运输能力方面，减少过剩的超大型原油油船的比重和吨位，逐步增加成品油油船的比重和吨位，拆除废旧大船，建造中小船，从片面追求船舶大型化转向大、中、小型船舶的协调发展。在运量方面，由于石油输出国积极发展民族工业，成品油等石油产品在整个石油运输量中的比重将会有所增加。

②提高油船运输的安全性。

③严格控制油船运输对水域的污染。

6. 油船

油船，载运散装石油及成品油的液货船，是指建造后主要装运散装油类（原油或石油产品）的船舶，包括油类、散货两用船以及全部或部分装运散装货油，并符合相关规定的任何化学品液货船。

（1）油船的发展历程。

早期的石油是用桶装由普通货船运输的。1886年英国建造的"好运"号机帆船，将货舱分隔成若干长方格舱，可装石油2307吨，用泵和管道系统装卸，是第一艘具有现代油船特征的散装油船。到1914年，世界油船吨位已占世界商船总吨位的3%。第一次世界大战以后，随着石油产量和运输量的迅速增长，油船向专业化、大型化发展，逐渐成为一种重要的专用运输船舶。1930年，世界油船占世界商船总吨位的1/10，1960年上升为近1/3，1980年再上升为1/2。

在原油运输方面，为了克服单向运输经济效益差的缺点，20世纪50年代后期出现能兼运石油和其他大宗散货的多种兼用船。随着港口单点系泊技术的发展，原油运输船在航道条件许可下必须尽可能地大型化，以取得更高的经济效益。1967—1975年苏伊士运河关闭时期，波斯湾到欧美的原油运输须绕道好望角，这也推动了原油船的大型化。1980年，世界油船船队构成中超大型油船（载重20万吨以上）和特大型油船（载重30万吨以上）的吨位已超过半数。20世纪70年代末，出现了50万吨以上的大油船（见图5-2-1），如法国1976—1977年建成的55万吨级姊妹船"巴提留斯"号和"贝拉美亚"号。日本1980年

图 5-2-1　特大型油船

将一艘42万吨的油船改建成为"海上巨人号"，总长458.54米，船宽68.8米，型深29.8米，吃水24.6米，载重量56万吨，是当时世界上最大的船舶。

（2）油船的构造特点。

石油为流体，易于挥发、燃烧、爆炸，因此油船在构造、设备和营运方面具有以下特点。

①对防火安全的要求严格。规定：载重量2万吨以上的新造油船，须有惰性气体防爆设施；油舱区同机舱、泵舱之间，须有隔离舱；机舱须设在尾部，防止因烟囱火星落到油舱区而引起火灾。

②油舱用1～3道纵舱壁和4～10道横舱壁分隔，以减少自由液面对船舶稳性的影响。

③用专门的油泵和油管进行装卸；为便于卸净舱底残油，设有扫舱管系；为降低重质货油的黏度以便装卸，设有加热管系；甲板上一般不设起货设备和大的货舱口。

④船体大，弯曲力矩较大，故结构多采用纵骨架式，以增加纵向强度。

⑤运输常为单方向的，回程空放时为保持一定的吃水，须装载大量压载水。在到达装货港之前，如将含油压载水排入海洋，会造成严重污染。为此，在压载以前须将油舱洗净，并将洗舱水存放入专门的污油舱；同时要设置油水分离器以严格控制排放压载水的含油量。

（3）油船的分类。

油船种类很多，从不同的角度，可以分为不同的种类。

按有无自航能力可分为：自航油船、非自航油船、浮式生产储油卸油船。

按油船用途可分为：专用油船、多用途油船。

按所装油品可分为：原油油船、成品油油船、原油/成品油兼运船、油/化学品兼运船、非石油的油类运输船。

按载重吨位大小可分为：小型油船（0.6万吨载重吨以下，以运载轻质油为主），中型油船（0.6～3.5万吨载重吨，以运载成品油为主），大型油船（3.5～16万吨载重吨，以运载原油为主，偶尔载运重油），巨型、超级油船（16万吨载重吨及以上VLCC、30万吨载重吨及以上ULCC，专用载运原油）。

世界造船业将油船按载重船型分为以下几个级别：通用型（1万吨以下油轮）、灵便型（一般称之为1～5万吨级的油船，分大灵便和小灵便型，其中大灵便型载重吨4～5万吨。灵便型油船的特点是灵活性强，吃水浅，船长短，舱数量多，需求量很大）；巴拿马型（船型以巴拿马运河通航条件为上限，譬

图5-2-2 超级巨型原油船

如运河对船宽、吃水的限制，载重吨为6～8万吨）；阿芙拉型（平均运费指数AFRA最高船型，经济性最佳，是适合白令海冰区航行油船的最佳船型，载重吨为8～12万吨）；苏伊士型（船型以苏伊士运河通航条件为上限，载重吨为12～20万吨）；VLCC（巨型原油船，载重吨为20～30万吨）、ULCC（超巨型原油船，载重吨在30万吨以上）（见图5-2-2）。

超级油轮是专门用来运输油料的货运船舶（见图5-2-3）。

油轮大小不等，小的一两千吨，大的几万吨、几十万吨。"二战"后，随着海上货运量迅速增加，各种货运船舶的吨位向

图5-2-3 超级油轮

着大型化方向发展，尤其是油轮吨位，越来越大，到1976年法国建造的"巴提留斯"号超级油轮载重量已达到了55万吨。超级油轮素有"海上浮动油库"之称。

7. 油船的装卸操作要求

（1）运送过程要求。

①按要求准时、安全地从装油地送到卸油地。

②其装载重量不得超过装载吃水线。

③装卸过程中要求无污染、无漏撒。

④油船上岗人员必须持有港监部门签发的油船操作证。

⑤装拆油管时必须正确使用防爆工具。

⑥连接船岸的输油软管应有足够的长度。

（2）装油过程要求。

①连接船岸间油管时，必须先装接地线，然后再装接油管。

②在装接地线时，岸上的一端先装接于油管上而通入地下，在地线的中间装一开关，将开关拉开，再将地线的船上的一端连接于船体上，最后将开关连接。

③打开通往油舱的输入管道阀及船尾贮油舱阀门，关闭输出管道阀及其他各油舱阀门。

④开始送油要慢，检查油管、接头、闸阀等确无差错，并且油已正常流入指定油舱，而无溢漏现象时方可通知岸上逐渐提高装油速度，达到正常速度后，应再进行检查。装油结束前要放慢速度，避免溢油。

⑤装油全过程探视孔处不能离人，值班人员要经常观察装油速度。

⑥在终止装油前半小时要通知岸方做好准备，根据进度通知岸方放慢速度，以便最后一舱装满时及时停止泵油。

⑦装油速度很快，船舶吃水变化大，值班人员注意随时调整缆绳的松紧。

⑧全船装油结束后，先拆除软管，后拆除静电地线。

⑨关闭各舱的大小阀门、管路上各种闸阀并进行铅封。

⑩协助有关人员对各船舱盖、孔和管路闸阀进行铅封。

（3）卸油过程要求。

①到达卸油地后，及时与收货人联系，通报品种和数量。

②系牢首缆、尾缆、相档缆。

③船与船之间用铜质导线连接，再与陆地静电地线连接。

④输油软管接头不得少于4根紧固螺栓，且法兰盘间加垫耐油密封圈，下置盛油盆。

⑤协助有关人员检查铅封。

⑥开始卸油要慢，当检查油管、接头、闸阀确无差错后，逐渐提高卸油速度，达到正常速度后，应再进行检查。

⑦卸油过程中应注意调整缆绳的松紧度。

⑧卸油完毕前，等岸上关闭阀门后再关闭船上阀门。

⑨先拆除软管，后拆除静电地线。

（二）管道运输

管道运输是用专用管道将油气长距离输送市场、用户、码头等的运输方式，是油气运输网中的特殊组成部分。

管道运输的优势是运输量大、连续、迅速、安全、可靠、平稳、占地少，并可实现自动控制；管道运输还可省去中转环节，缩短运输周期，在一定程度上降低了运输成本，提高了运输效率。当前管道运输的发展趋势是：管道的口径不断增大，运输能力大幅度提高；管道的运距迅速增加；管道运输的费用，比水运费用高，但比铁路运输费用低。

1. 管道运输历史

现代管道运输始于19世纪中叶，1865年美国宾夕法尼亚州建成第一条原油输送管道。然而它的进一步发展则是从20世纪开始的。随着第二次世界大战后石油工业的发展，管道的建设进入了一个新的阶段，各产油国竞相开始兴建大量石油及油气管道。

20世纪60年代开始，输油管道的发展趋于采用大管径、长距离，并逐渐建成成品油输送的管网系统。同时，开始了用管道输送煤浆的尝试。全球的管道运输承担着很大比例的能源物资运输，包括原油、成品油、天然气、煤浆等。其完成的运量常常大大高于人们的想象（如在美国接近于汽车运输的运量）。

管道运输也被进一步研究用于解决散状物料、成件货物、集装物料的运输，以及发展容器式管道输送系统。

管道运输是国际货物运输方式之一，是随着石油生产的发展而产生的一种特殊运输方式。具有运量大、不受气候和地面其他因素限制、可连续作业以及成本低等优点。随着石油、天然气生产和消费速度的增长，管道运输发展步伐不断加快。

管道运输业是中国新兴运输行业，是继铁路、公路、水运、航空运输之后的第五大运输业，它在国民经济和社会发展中起着十分重要的作用。

2. 管道运输特点

在所有运输方式中，管道运输有着独特的优势。在建设上，与铁路、公路、航空相比，投资要省得多。就石油的管道运输与铁路运输相比，有关专家曾算过一笔经济账：沿成品油主要流向建设一条长7000千米的管道，它所产生的社会综合经济效益，仅降低运输成本、节省动力消耗、减少运输中的损耗3项，每年就可以节约资金数十亿元左右；而且对于具有易燃特性的石油运输来说，管道运输更有着安全、密闭等特点。

在油气运输上，管道运输有其独特的优势。

一是它的平稳、不间断输送，对于现代化大生产来说，油田不停地生产，管道可以做到不停地运输，炼油化工工业可以不停地生产成品，满足国民经济需要。二是实现了安全运输，对于油气来说，汽车、火车运输均有很大的危险，国外称之为"活动炸弹"，而管道在地下密闭输送，具有极高的安全性；三是保质，管道在密闭状态下运输，油品不挥发，质量不受影响；四是经济，管道运输损耗少、运费低、占地少、污染低。

成品油作为易燃易爆的高危险性流体，最好的运输方式应该是管道输送。与其他运输方式相比，管道运输成品油有运量大，劳动生产率高；建设周期短，投资少，占地少；运输损耗少，无"三废"排放，有利于环境生态保护；可全天候连续运输，安全性高，事故少；运输自动化，成本和能耗低等明显优势。

（1）管道运输的主要优点。

①运量大。

一条输油管线可以源源不断地完成输送任务。根据其管径的大小不同，每年的运输量可达数百万吨到数千万吨，甚至超过亿吨。

②占地少。

运输管道通常埋于地下，其占用的土地很少。运输系统的建设实践证明，运输管道埋藏于地下的部分占管道总长度的95%以上，因而对于土地的永久性占用很少，分别仅为公路的3%，铁路的10%左右。在交通运输规划系统中，优先考虑管道运输方案，对于节约土地资源，意义重大。

③建设周期短、费用低。

中国国内外交通运输系统建设的实践证明，管道运输系统的建设周期与相同运量的铁路建设周期相比，一般来说要短1/3以上。历史上，中国建设大庆至秦皇岛全长1152千米的输油管道，仅用了23个月的时间，而若要建设一条同样运输量的铁路，至少需要3年时间。新疆至上海市的全长4200千米天然气运输管道，预期建设周期不会超过2年，但是如果新建同样运量的铁路专线，建设周期在3年以上，特别是地质地貌条件和气候条件相对较差，大规模修建铁路难度将更大，周期将更长。资料表明，管道建设费用比铁路低60%左右。

④安全可靠、连续性强。

由于石油天然气易燃、易爆、易挥发、易泄露，采用管道运输方式，既安全，又可以大大减少挥发损耗，同时由于泄露导致对空气、水和土壤的污染也可大大减少。也就是说，管道运输能较好地满足运输工程的绿色化要求。此外，由于管道基本埋藏于地下，其运输过程受恶劣多变的气候条件影响少，可以确保运输系统长期稳定地运行。

⑤耗能少、成本低、效益好。

发达国家采用管道运输石油，每吨千米的能耗不足铁路的1/7，在大量运输时的运输成本与水运接近，因此在无水条件下，采用管道运输是一种最为节能的运输方式。管道运输是一种连续工程，运输系统不存在空载行程，因而系统的运输效率高。理论分析和实践经验已证明，管道口径越大，运输距离越远，运输量越大，运输成本就越低。以运输石油为例，管道运输、水路运输、铁路运输的运输成本之比为1：1：1.7。

（2）管道运输的缺点。

①专用性强。

运输对象受到限制，承运的货物比较单一。只适合运输诸如石油、天然气、化学品、碎煤浆等气体和液体货物。

②灵活性差。

管道运输不如其他运输方式(如汽车运输)灵活，除承运的货物比较单一外，它也不容随便扩展管线。要实现"门到门"的运输服务，对一般用户来说，管道运输常常要与铁路运输或汽车运输、水路运输配合才能完成全程输送。

③固定投资大。

为了进行连续输送，还需要在各中间站建立储存库和加压站，以促进管道运输的畅通。

④专营性强。

管道运输属于专用运输，其成产与运销混为一体，不提供给其他发货人使用。

3. 中国管道运输发展历程

管道在中国是既古老又年轻的运输方式。早在公元前3世纪，中国就创造了利用竹子连接成管道输送卤水的运输方式，可说是世界管道运输的开端。到19世纪末，四川自流井输送天然气和卤水的竹子管道长达200多千米。但现代化管道运输则是20世纪50年代方得到发展。

1958年冬，中国修建了第一条现代输油干线管道：新疆克拉玛依到乌苏独山子的原油管道，全长147千米。20世纪60年代以来，随大油田的相继开发，在东北、华北、华东地区先后修建了20多条输油管道，总长度达5998多千米，其中原油管道5438千米，成品油管道560多千米。主要有：大庆—铁岭—大连港；大庆—铁岭—秦皇岛—北京；任丘—北京；任丘—沧州—临邑；濮阳—临邑；东营—青岛市黄岛；东营—临邑—齐河—仪征等。基本上使东北、华北、华东地区形成了原油管道网。此外，新疆克拉玛依—乌鲁木齐，广东茂名—湛江等地也建有输原油管道。1976年建成了自青海格尔木到西藏拉萨的1100千米成品油管道。1990年初花土沟—格尔木输油管道亦已启泵输油。

四川省于1961年建成中国第一条输气管道，即綦江县至重庆市的巴渝输气管道，1966年又建成威远至成都输气管道。1979年建成从川东垫江县龙溪河—重庆—泸州—威远—成都—德阳干线及支线输气管道。至今四川省已建成输气管道达2662千米。20世纪80年代以来，华北地区的输气管道也有所发展，将各大油田产的天然气输向北京、天津、开封等城市。中国油气管道仍在加紧建设。

至1990年底管道输送量已达642亿吨。管道运煤正在积极研究试验中。1991年初在辽东湾海域铺设长距离海底输气管道（锦州—兴城连山湾）。此外，1991年3月又建成了位于秦皇岛市境的中国第一条最长液氨地下管道。

1995年承建我国第一条长距离、大口径沙漠管道，紧接着是鄯乌天然气管道、库鄯输油管道。1996年3月陕京天然气管道开工，然后是涩宁兰、兰成渝、陕京二线、忠武管道⋯⋯

2002年7月，全长4000千米的西气东输工程正式开工。中国石油天然气管道局全方位参与了西气东输工程建设，并创造了多项中国管道的新纪录。

2007年，中国已建油气管道的总长度约6万千米，其中原油管道1.7万千米，成品油管道1.2万千米，天然气管道3.1万千米。中国已逐渐形成了跨区域的油气管网供应格局。

现在，中国的中俄输气管线、内蒙古苏格里气田的苏格里气田外输管线、土库曼斯坦和西伯利亚至中国的输气管线等都已经建设完毕，并投入使用，这不仅为中国，也为世界管道业提供了发展机遇。

（三）原油集输

原油集输就是把油井生产的油气收集、输送和处理成合格原油的过程。这一过程从油井井口开始，将油井生产出来的原油和伴生的天然气产品，在油田上进行集中和必要的处理或初加工。使之成为合格的原油后，再送往长距离输油管线的首站外输，或者送往矿场油库经其他运输方式送到炼油厂或转运码头；合格的天然气集中到输气管线首站，再送往石油化工厂、液化气厂或其他用户。

一般油气集输系统包括：油井、计量站、接转站、集中处理站，这叫三级布站。也有的是从计量站直接到集中处理站，这叫二级布站。集中处理、注水、污水处理及变电建在一起的叫作联合站。

油井、计量站、集中处理站是收集油气并对油气进行初步加工的主要场所，它们之间由油气收集和输送管线连接。

三、中国的海洋油气运输

（一）航线单一

据《中国能源发展报告——能源蓝皮书》以及相关资料可知，中国从国外获取原油主要来自中东、非洲、亚太地区，而东南亚占据亚太地区的绝大多数。这三个地区的原油进口经过以下的石油海运路线。

（1）中东线：波斯湾—霍尔木兹海峡—马六甲海峡—台湾海峡。

（2）非洲线：北非—地中海—直布罗陀海峡—好望角—马六甲海峡—台湾海峡；西非—好望角—马六甲海峡—台湾海峡。

（3）东南亚线：马六甲海峡—台湾海峡。

中国通过海运方式进口石油的路线比较单一，高度依赖霍尔木兹海峡、好望角、马六甲海峡。由美国控制的霍尔木兹海峡是中东航线的必经之路。对中国乃至整个东亚石油安全而言，马六甲海峡的地位尤其特殊。

中国从海外获取的石油85%左右都途经马六甲海峡。据测算，每天通过马六甲海峡的船只有6成是为中国输送货物，其中80%是油轮。马六甲海峡成了中国石油进口名副其实的"华山一条道"，毫不夸张地说，谁控制了马六甲海峡，谁就控制了中国的能源通道。对这条水道的过度依赖，给中国的石油运输安全带来了重大的潜在威胁。

（二）油轮船队运输能力有限

从国外经验来看，需要大量进口石油的国家一般都控制着一支比较强大的油轮船队，船队承运份额达到50%以上（日本则高达85%以上）。我国目前尚没有一支强大的海上石油运输队，不能满足日益发展的石油海运需要和我国大量进口石油的运送需求。在整个石油海运进口份额中，我国的自主运输能力仅占整个进口石油量的一成，大量原油只能依靠市场租船。如中国石油集团和中国石化集团没有自己控制的油轮船队，石油运输已经成为我国石油业的瓶颈。

石油运输受制于人，一旦战争爆发或世界格局发生重大变化，石油供应安全将面临极大威胁。另外，由于中国缺少自己控制的油轮船队，所以油运市场价格波动也会给中国带来一定的经济损失。

（三）缺乏军事保障

保护石油供给和其他重要材料运输是推动空军和海军现代化的主要动力。中国海军还不足以保护石油运输的海上交通线。海军的不足还包括缺少必要的加油、修理和补给港口，缺乏足够数量的海上补给船只支持远距离海上作战行动。另外，海军很少开展远航，而恰恰是这些远航能为执行海上交通线保护任务提供重要的训练和经验。总之，中国没有强大的海军舰队，对海运突发事件的控制力不足。这也将严重影响海外石油资源运输渠道的安全。

（四）马六甲困局

中国石油安全的"马六甲困局"是由各种原因综合作用而形成的。

首先，长期以来，美国一直觊觎连接太平洋和印度洋的这一海上要冲。按照美国的全球战略，马六甲海峡是其必须控制的世界16大咽喉水道之一。控制了马六甲海峡，就可以遏制中国和日本的"海上生命线"，压制印度的"东进战略"，延迟俄罗斯重返远洋的步伐。

其次，日本一向高度重视马六甲海峡的安全问题。对日本来说，马六甲海峡是其"海上生命线"的关键点，其进口原油的90%以及贸易总额的30%都要经过此地。控制了马六甲海峡，日本既可以解除后顾之忧，又可以对别国形成逼迫之势。

第三，确保马六甲海峡畅通无阻对南亚大国印度来说也意义重大。

但事实上，形成"马六甲困局"的根本原因是中国缺乏强大的海权，没有能力为万里海上运输提供安全护航。

（五）解决思路

1. 加强和保障现有运输通道安全

①积极参与国际海运事物，促进海运安全。

②加快大型油轮船队建设。

③增强海军力量。

2. 开辟新的运输通道

①克拉地峡运河。

克拉地峡运河是位于泰国境内一段狭长地带。如果在此修通运河，船只不必穿过马六甲海峡，直接从印度洋的安达曼海进入太平洋的泰国湾，走海路抵达中国大陆，可以节省1200千米的航程，并且可以避开海盗猖獗和局势复杂的马六甲海峡。

②中哈石油管道。

利用哈萨克斯坦的输油管道向中国和中东两头延伸。届时，非洲石油不必经过马六甲海峡和苏伊士运河，直接由管道运到中国。

③中缅石油天然气管道。

中缅石油天然气管道从缅甸皎漂港起，经过曼德勒、瑞丽、昆明，向东北延伸。该管道建成后，非洲石油到达印度洋以后可以直接上岸，可以减少1200千米的行程，降低运输成本。

第六章

石油的储存

一、储油方式

（一）储油罐

储油罐是储存油品的容器，它是石油库的主要设备。储油罐按材质可分金属油罐和非金属油罐；按所处位置可分地下油罐、半地下油罐和地上油罐；按安装形式可分立式油罐、卧式油罐；按形状可分圆柱形油罐、方箱形油罐和球形油罐。

1. 金属油罐

金属油罐是采用钢板材料焊成的容器。普通金属油罐采用的板材是平炉沸腾钢；寒冷地区采用的是平炉镇静钢；而大容积油罐采用的是高强度的低合金钢。

常见的金属油罐形状，一般是立式圆柱形、卧式圆柱形（见图6-1-1）、球形等几种。

立式圆柱形油罐（见图6-1-2）根据顶的结构又可分为桁架顶罐、无力矩顶罐、梁柱式顶罐、拱顶罐、套顶罐和浮顶罐等，其中最常用的是拱顶罐和浮顶罐。拱顶罐结构比较简单，常用来储存原料油、成品油和芳烃产品。

卧式圆柱形油罐具有承受较高的正压和负压的能力，该油罐的优点：油品的蒸发损耗少；发生火灾的危险性小；便于制造、运输、安装和拆迁；机动性好。缺点：容量小、一般数量较多；占地面积大。

卧式圆柱形油罐适用于小型分配油库、农村油库、城市加油站、部队野战油库或企业附属油库。在大型油库中也用来作为附属油罐使用，如放空罐和计量罐等。

图6-1-1　卧式圆柱形储油罐　　　　　图6-1-2　立式圆柱形储油罐

球形油罐具有耐压、节约材料等特点，多用于石油液化气系统，也用作压力较高的溶剂储罐。

2. 非金属油罐

非金属油罐的种类很多，有土油罐、砖砌油罐、石砌油罐、钢筋混凝土油罐、玻璃钢油罐、耐油橡胶油罐等。石砌油罐和砖砌油罐应用较多，常用于储存原油和重油。该类油罐最大的优点是节约钢材、耐腐蚀性好、使用年限长。非金属材料导热系数小，当储存原油或轻质油品时，因罐内温度变化较小，可减少蒸发损耗，降低火灾危险性。又由于非金属罐一般都具有较大的刚度，能承受较大的外压，适宜建造地下式或半地下式油罐，有利于隐蔽和保温。但是一旦发生基础下陷，易使油罐破裂，难以修复。它的另一大缺点是渗漏，虽然使用前经过防渗处理，但防渗技术还未完全解决。

3. 地下油罐

地下油罐指的是罐内最高油面液位低于相邻区域的最低标高0.2米，且罐顶上覆土厚度不小于0.5米的油罐。这类油罐损耗低，着火的危险性小。

4. 半地下油罐

半地下油罐指的是油罐埋没深度超过罐高的一半，油罐内最高油面液位比相邻区域最低标高不高出2米的油罐。

5. 地上油罐

地上油罐指的是油罐基础高于或等于相邻区域最低标高的油罐，或油罐埋没深度小于本身高度一半的油罐。地上油罐是炼油企业常见的一类油罐，它易于建造，便于管理和维修，但蒸发损耗大，着火危险性较大。

（二）储油基地

国家石油储备，是每个国家的一项长期战略计划。

（1）岙山基地——位于中国浙江舟山，祖国东海之滨的能源重镇。岙山岛，也是中国最大的石油岛。

舟山岙山岛，面积5.4平方千米，这里作为业务辐射亚太、行业领先的石化仓储物流平台，可接卸和装运500吨至37.5万吨的油轮，近五年油品吞吐量超过亿吨。

在岙山基地的建设过程中，中化集团除了自身建有256万米³储罐群（见图6-1-3）和配套码头群（见图6-1-4）外，还承担了舟山国家石油储备基地的运行管理职责，以及中化舟山危化品应急救援基地建设任务。

图6-1-3　岙山基地的储油罐群

图6-1-4　岙山基地的配套储油码头

（2）国家储油基地及库容——我国目前已经建成的舟山、舟山扩建、镇海、大连、黄岛、独山子、兰州、天津及黄岛石油储备洞库共9个国家石油储备基地，储备原油3325万吨，约占我国2015年石油净进口量的1/10。这9个国家石油储备基地的库容分别为：

舟山石油储备基地：500万米^3；

舟山扩建石油储备基地：250万米^3；

镇海石油储备基地：520万米^3；

大连石油储备基地：300万米^3；

黄岛石油储备基地：320万米^3；

独山子石油储备基地：规划库容540万米^3，首期工程库容为300万米^3；

兰州石油储备基地：300万米^3；

天津国家石油储备基地：500万米^3，前期库容为320万米^3；

黄岛国家石油储备洞库（地下库）：300万米^3。

二、储油过程规定

（一）储油基本要求
原油特别是油品的储存都应满足以下基本要求。

1. 防变质
在油品储存过程中，要保证油品的质量，必须注意：降低温度、空气与水分、阳光、金属对油品的影响。

2. 降损耗
油库通常的做法是：选用浮顶油罐、内浮顶油罐；油罐呼吸阀下选用呼吸阀挡板；淋水降温。

3. 提高油品储存的安全性
由于油品火灾危险性和爆炸危险性较大，故必须降低油品的爆炸敏感性，并应用阻燃性能好的材料。

（二）装卸要求
原油和油品的装卸不外乎以下几种形式：铁路装卸、水运装卸、公路装卸和管道直输。其中根据油品的性质不同，可分为轻油装卸和黏油装卸；从油品的装卸工艺考虑，又可分为上卸、下卸、自流和泵送等类型。但除管道直输外，无论采用何种装卸方式，原油和油品的装卸必须满足以下基本要求。

（1）必须通过专用设施设备来完成。

原油和油品的装卸专用设施主要有铁路专用线和油罐车、油轮码头或靠泊点、油轮、栈桥或操作平台等；专用设备主要有装卸油鹤管、集油管、输油管和输油泵、发油灌装设备、黏油加热设备、流量计等。

（2）必须在专用作业区域内完成。

原油和油品的装卸都有专用作业区，这些专用作业区通常设有隔离设施与周围环境相隔离，且必须满足严格的防火、防爆、防雷、防静电要求。

（3）必须由受过专门培训的专业技术人员来完成。

（4）装卸的时间和速度有较严格的要求。

（三）输出要求

原油具有一定的黏性，尤其是当温度较低的时候，存储在大型储油罐的油品不容易直接输出，必须进行一定的加热，以达到提高原油温度，提高原油流动性的目的。

目前的原油储罐加热的方式主要分为两种：一种是盘管整罐加热，一种是局部快速加热。

整罐加热方式是目前应用比较简单、采用比较普遍的一种原油加热方式，而局部快速加热，具有较好的节约能源、加热效率高的特点。

三、储油安全

（一）储油安全的基本问题

储油承载的往往是一些易燃易爆原料，这给油罐的安全使用带来了巨大的挑战，再加上储油地点多数比较恶劣，不可避免存在着腐蚀泄露等一系列问题。

在储油选址方面要求较为严格。

储油地址要经过量化风险分析，不能影响周边的企业、厂矿和居民区，安全距离和风险要能保证对周边的影响在标准允许范围内。

摆放储油设施要考虑当地的气象条件、雷暴季节的长短、地质条件，是否有可能产生地震等地质灾害。其他还应当考虑工艺方面的要求，整个生产布局的要求。其中，安全应当作为选择库址的一个最重要的前提条件。

（二）储油的火灾原因

1. 明火

由明火引起的油罐火灾居第一位，其主要原因是在使用电气、焊修储油设备时，动火管理不善或措施不力而引起。例如：检修管线不加盲板；罐内有油时，补焊保温钉不加措施；焊接管线时，事先没清扫管线，管线没加盲板隔断；油罐周围的杂草、可燃物未清除干净等。另一些重要原因是在油库禁区及油蒸汽易积聚的场所携带和使用火柴、打火机、灯火等违禁品或在上述场合吸烟等。

2. 静电

静电的实质是存在剩余电荷。当两种不同物体接触或摩擦时，物体之间就发生电子得失，在一定条件下，物体所带电荷不能流失而发生积聚，这就会产生很高的静电压，当带有不同电荷的两个物体分离或接触时，物体之间就会出现火花，产生静电放电。

静电放电的能量和带电体的性质及放电形式有关。静电放电的形式有电晕放电、刷形放电、火花放电等。其中火花放电能量较大，危险性最大。

3. 自燃

自燃是物质自发的着火燃烧过程，通常是由缓慢的氧化还原反应而引起，即物质在没有火源的条件下，在常温中发生氧化还原反应而自行发热，因散热受到阻碍，热量积蓄，逐渐达到自燃点而引起的燃烧。所以自燃的条件有3个，即发生氧化还原反应、放热、热量积蓄，主要过程有氧化、聚热、升温、着火。

一般来说，引发储油罐自燃主要原因有3种：静电自燃、磷化氢自燃、硫自燃。

静电自燃如上面介绍的，油罐在频繁装卸过程中，油品或运动部件与内壁相互摩擦，拍打油面，液位波动，运动部件晃荡，又由于油品含水和杂质量大等多种原因，极易产生静电，在运动部件和油罐形成巨大的飘浮带电体，静电通过接触点及突出部位放电，产生静电火花。

4. 雷电

油罐区存在的油气混合物遇到雷击起火，即使油罐接地，亦会造成火灾。而浮顶罐雷击起火往往是浮顶与罐壁的电器连接不良或罐体密封性差所致。

（三）储油装置安全控制措施

1. 人员的管理

所谓人员的管理，就是要千方百计地防止因违章作业、违章操作、违章指挥而引起的爆炸事故。不仅要加强职工安全方面的培训、教育工作，让其认识到储油罐爆炸的危害性和严重性；还要进一步规范职工的行为，严格按照操作规程作业，尤其是操作细节，比如穿防静电工作服，不穿化纤类衣服和胶鞋上班作业等。

2. 技术控制

（1）从控制氧气的进入来破坏爆炸条件的形成。

根据可燃物发生燃烧和爆炸的条件可知，要想避免储油罐发生火灾和爆炸事故，就必须禁止氧气或空气进入储油罐内。采取惰性气体置换的方法，既可实现无氧操作又可防止爆炸性混合气体的形成。在油罐付油时，采取注入蒸气或氮气等保护措施，在停止注入蒸气后，应及时注入氮气，防止空气进入油罐。

（2）从工艺方面入手来加强顶防和控制。

改进常压装置工艺来降低硫含量；采用油渣加氢转化工艺来降低常压渣油的硫含量；油品进罐前进行有效的脱水来降低含水量；在分馏塔顶添加缓蚀剂，使钢材表面形成保护膜来起到阻蚀作用，在油品中添加抗静电剂提高油品的电导率。

（3）从设备方面采取措施。

在易被腐蚀的地方，使用耐腐蚀的钢材；在易腐蚀设备内表面采用喷涂耐腐蚀金属或涂镀耐腐蚀材料等技术；在储油罐内壁严格按标准使用防静电涂料以消除静电放电产生的危害或静电引力导致的各种生产障碍；采用罐顶喷淋技术来有效降低油罐温度，延缓硫腐蚀，同时及时消散硫化铁氧化放出的热量；通过静电接地、跨接、设置静电缓和器来加强静电泄漏，防止静电积聚；安装避雷针来有效避免雷电的危害；加强罐体密封性检查和维修；对大型油罐安装可燃气体报警装置、灭火和冷却设施。

（4）从日常操作中进行控制。

采取底部装油减少空气的进入、静电的产生和油雾的产生；加大注油管的管径以控制流速减少静电的产生；在检测井内进行检测和取样，并通过静置几分钟来避免静电的产生；定期采用酸洗、高pH值溶剂、多级氧化剂、钝化剂等来清除硫化亚铁沉积物；定期清罐，尽可能地排除储罐中的积水；加强日常设备的检修、罐区的安全检查和巡检工作，将事故消灭在萌芽状态。

（5）从在线监测技术上来控制。

建立适合的腐蚀监测网来控制与预防硫腐蚀。通过合理选点与布点做到在线监测和离线监测，长周期挂片与瞬时腐蚀速率测量相结合，可以全方位把握腐蚀状况，以便及时采取措施，防患于未然。

用可燃性气体报警器检测环境，使可燃气体、可燃液体蒸气和粉尘的浓度控制在低于引起爆炸的极限范围。

对易燃、易爆作业场所的防火设计采用自动报警和自动灭火系统。自动报警的探测器应采用防爆型，自动灭火的灭火剂应采用CO_2气体灭火剂。

（四）储油装置防雷击措施

1. 认清雷电属性，正确采取措施

雷电是自然界中的放电现象。产生雷电时，电压可达30万伏以上，电流可达20万安培以上。雷电直击在建筑物上，有相当大的冲击力，并产生热量。其动力可将巨树劈倒，顽石击裂。雷电本身产生的热量足以酿成一场大火。

想要正确预防雷击首先就要认清雷的自然属性。雷最常见的是线状雷，有时也会出现球形雷。它们都是以放出电荷作用于物体，但其作用方式不同。线状雷直击物体，球形雷绕击物体。因线状雷经常出现，根据其性质通常使用避雷针，它的原理是将雷电引向自身，再将强大的雷电流导入大地，从而达到保护油罐的目的，但其对球形雷是无能为力的。尽管球形雷出现次数较少，但不是不能发生，因此亦应加以防范。根据球形雷的性质，其预防措施应采用静电屏蔽，即是用金属网构成笼式防雷网，以防止球形雷进入，从而达到了保护油罐的目的。

目前已研制出一种新的防雷保护设施——半导体消雷器，它既能防线状雷，也能防球形雷，但还有待广泛用于防雷实践中。

2. 储油罐不同，防雷措施不同

①对于密封金属油罐，罐壁厚度大于或等于4毫米，一般不装避雷针，仅作防感应雷接地，其接地电阻不大于30欧姆即可。

②有呼吸阀带有阻火器，且液压安全阀密封的密闭金属油罐，罐壁厚度和顶盖厚大于或等于4毫米的，可以采取自身保护，只要与其连接的管线及其他金属配件等有良好的电器联结，且与接地装置相联结处不少于两点的，可不装避雷针。

③对于外浮顶油罐，由于罐的顶盖随液面的升降而浮动，罐内的空气间隙极小不能形成爆炸性的混合物，而且浮顶和罐壁之间是密封也可以不装避雷针，一般只接地即可。但浮动的金属罐顶，要用跨接线与金属罐体相连，并通过罐体接地，其接地电阻不应大于10欧姆。对于内浮顶油罐，虽然浮动部件与罐底、罐顶作良好的电器连接，并接地可靠，但由于浮顶罐的浮盘与罐顶之间的空间内可能聚集爆炸性混合物，因此还需设防雷措施。

④对于其他油罐，应设避雷针，避雷针最好单独设置，但也允许焊在油罐的顶部或圈板的边缘。对于拱顶罐需在罐顶先焊一块长宽各40毫米、厚度4毫米的钢板，然后装针。

3. 防雷设施的检查及应注意的问题

在安装防雷设施时，应对油罐周围的一切金属构件、电气设备、管线等做统一的全面考虑，同时不许有架空线进入罐区，避免产生放电火花及将雷电波导入。

另外，在阴雨天气不宜进行收发油作业，必须进行的，要严格按照安全操作规程进行操作。避免罐内外形成的大量易燃易爆混合物与雷击爆炸起火。对于防雷设施要进行定期检查，保证完好有效。

①凡装设独立或罐顶接闪器的防雷接地设施，每年雷雨季节到来之前检查一次。要求安装牢固，引线接头数要少，接头处应紧密且无断裂松动。最好用搭接焊接方式。如用螺栓连接必须拧紧，并且将软绞线端口焊固在供螺栓连接的线夹内，其垫圈应镀锌。

②引下线在距地面2米至地下0.3米一段的保护设施要完好。引下线应短而直，避免转弯和穿越铁管等闭合结构，以防雷电流通过时因电磁感应而形成火花放电。

③从罐壁接地卡直接入地的引下线，要检查螺栓与连接件的表面有无松脱和锈蚀现象。如有应及时擦拭紧固。

④无接闪器的储罐，要检查罐顶附件与罐顶金属有无绝缘连接，尤其是呼吸阀与阻火器、阻火器与连接短管之间的螺栓螺帽有无少件，锈蚀或松脱而影响雷电通路。

⑤每年检查两次外浮顶及内浮顶储油罐的浮盘和罐体之间的等电位连接装置是否完好，软铜导线有无断裂和缠绕。

⑥每年对接地电阻检测两次，其中雷雨季节到来之前必须测定一次，其独立电阻值不应大于10欧姆，满足不了要求或电阻值增大过快时，应挖开检

查，按不同情况进行处理或补打接地极。

⑦单纯的防感应电接地，每年检测不少于一次，其电阻不大于30欧姆，如不符合要求，应作相应处理。

⑧罐区有地面或地下工程施工时，要加强对接地极的监护，如可能影响接地时，要进行检查测定。

⑨接地电阻越小越好，以便能安全地把雷电流导入大地，还可以限制接地装置上的雷击高电位，防止雷击油罐时，雷电向其他金属物体发出反击。在接地体的布置上要考虑限制接地装置周围的雷击跨步电压，以免造成人员伤害。

综上所述，对于雷击引起的油罐区火灾事故，只要加强领导和广大职工的防火安全意识，强化防火组织管理，提高消防监督力度，保证防雷措施得力，设施完好，是完全可以避免储油罐的火灾事故。

第七章
石油的炼化

一、石油炼化

（一）石油分馏

石油分馏是将石油分离成几种不同沸点的混合物的一种物理变化方法。

石油是由超过8000种不同分子大小的碳氢化合物所组成的混合物。

石油在使用前必须经过加工处理，才能制成适合各种用途的石油产品。常见的处理方法为分馏法，利用分子大小不同，沸点不同的原理，将石油中的碳氢化合物予以分离，再以化学处理方法提高产品的价值。

工业上先将石油加热至400~500℃，使其变成蒸气后输进分馏塔。在分馏塔中，位置愈高，温度愈低。石油蒸气在上升途中会逐步液化，冷却及凝结成液体馏分。分子较小、沸点较低的气态馏分则慢慢地沿塔上升，在塔的高层凝结，例如燃料气、液化石油气、轻油、煤油等。分子较大、沸点较高的液态馏分在塔底凝结，例如柴油、润滑油及蜡等。在塔底留下的黏滞残余物为沥青及重油，可作为焦化和制取沥青的原料或作为锅炉燃料。不同馏分在各层收集起来，经过导管输离分馏塔。这些分馏产物便是石油化学原料，可再制成许多的化学品。其属于物理变化。

1. 分馏产物

石油产品包含粗石油、轻油、煤油及重油等。

粗石油为分馏温度较低、分子较小的成分，可作为燃料及汽油，如液化天然气（主要成分为甲烷，含少量乙烷、丙烷、丁烷、乙烯）或液化石油气（主要成分为丙烷、丁烷、丙烯、乙烯）等，也可作为溶剂，如己烷等。

轻油又称为石脑油，是沸点高于汽油而低于煤油的分馏混合物，可分为轻石脑油及重石脑油。石脑油经脱醇酸化反应后，可作为汽油及航空燃料油使用。轻石脑油可经媒组反应产生高辛烷质的汽油或石油化学原料，如苯、甲苯、二甲苯等，也可经裂解反应产生乙烯、丙烯、丁烯、戊烷、芳香烃及碳烟，或经由加氢裂解反应，生产汽油及液化石油气。

重油一般指燃料油或燃料油与柴油混合而成的中间油料。直接产品可概分为渔船用油及锅炉用燃油两种。加工处理后则可生产润滑油、柏油、石油焦、汽油、液化石油气及丙烯等产品。

2. 分馏种类

常压分馏——用来得到石油气、汽油、煤油和柴油的方法。

减压分馏——用来得到润滑油、石蜡等相对分子质量较大的烷烃。

催化及裂解——用来得到轻质油和气态烯烃。

（二）石油的炼化及流程

石油炼化常用的工艺流程为常减压蒸馏、催化裂化、延迟焦化、加氢裂化、溶剂脱沥青、加氢精制、催化重整。

1. 常减压蒸馏

常减压蒸馏使用的原料：原油。

常减压蒸馏后的产品有：石脑油、粗柴油（瓦斯油）、渣油、沥青等。

常减压蒸馏概念：常压蒸馏和减压蒸馏合称为常减压蒸馏，是物理过程。原油在蒸馏塔按蒸发能力分成沸点范围不同的油品——也叫馏分，部分馏分经调和、加添加剂后出厂，相当大的部分则是后续加工装置的原料。

常减压蒸馏是原油的一次加工，包括：原油的脱盐、脱水；常压蒸馏；减压蒸馏。

2. 催化裂化

原油经过常减压蒸馏后可得到的汽油、煤油及柴油等轻质油品仅有10%～40%，其余的是重质馏分油和残渣油。如果想得到更多轻质油品，就必须对重质馏分油和残渣油进行二次加工。催化裂化是最常用的汽油、柴油生产工序，汽油、柴油主要是通过该工艺生产出来。

催化裂化原料：渣油和蜡油占70%左右，催化裂化一般是以减压馏分油和焦化蜡油为原料，大部分石油炼化企业开始在原料中掺加减压渣油，甚至直接以常压渣油作为原料进行炼制。

催化裂化产品：汽油、柴油、油浆（重质馏分油）、液体丙烯、液化气；各成分的比例为汽油42%、柴油21.5%、液体丙烯5.8%、液化气8%、油浆12%。

催化裂化基本概念：催化裂化是在有催化剂存在的条件下，将重质油（例如渣油）加工成轻质油（汽油、煤油、柴油）的主要工艺，是炼油过程主要的二次加工手段。属于化学加工过程。

催化裂化生产工艺：残渣和蜡油经过原料油缓冲罐进入提升管、沉降器、再生器形成油气，进入分馏塔。一部分油气进入粗汽油塔、吸收塔、空压机以及凝缩油罐，经过再吸收塔、稳定塔、最后进行汽油精制，生产出汽油。另一部分油气经过分馏塔进入柴油汽提塔，然后进行柴油精制，生产出柴油。

催化裂化生产设备：再生器、提升管反应器、沉降器等（见图7-1-1）。

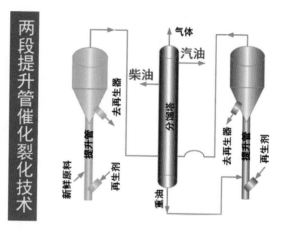

图7-1-1　催化裂化示意图

3. 延迟焦化

焦炭化（简称焦化）是深度热裂化过程，也是处理渣油的手段之一。它又是唯一能生产石油焦的工艺过程，是任何其他过程所无法代替的。尤其是某些行业对优质石油焦的特殊需求，致使焦化过程在炼油工业中一直占据着重要地位。

延迟焦化原料：延迟焦化利用与催化裂化类似的脱碳工艺以改变石油的碳氢比，延迟焦化的原料可以是重油、渣油甚至是沥青，对原料的品质要求比较低。渣油主要的转化工艺是延迟焦化和加氢裂化。

延迟焦化产品：主要产品是蜡油、柴油、焦炭、粗汽油和部分气体，各自比重分别是：蜡油占23%～33%，柴油22%～29%，焦炭15%～25%，粗汽油8%～16%，气体7%～10%，外甩油1%～3%。

延迟焦化基本概念：焦化是以贫氢重质残油为原料，在高温400～500℃下进行深度热裂化反应。通过裂解反应，使渣油的一部分转化为气体烃和轻质油品；由于缩合反应，使渣油的另一部分转化为焦炭。一方面由于原料重，含相当数量的芳烃，另一方面焦化的反应条件更加苛刻，因此缩合反应占很大比重，生成焦炭多。

延迟焦化生产工艺：延迟焦化装置的生产工艺分为焦化和除焦两部分，焦化为连续操作，除焦为间隙操作。由于工业装置一般设有两个或四个焦炭塔，所以整个生产过程仍为连续操作。

延迟焦化生产设备：焦炭塔、水力除焦设备、无焰燃烧炉。

焦化加热炉是本装置的核心设备，其作用是将炉内迅速流动的渣油加热至500℃左右的高温。因此，要求炉内有较高的传热速率以保证在短时间内给油提供足够的热量，同时要求提供均匀的热场，防止局部过热引起炉管结焦。为此，延迟焦化通常采用无焰炉。

4. 加氢裂化

加氢裂化原料：重质油等。

加氢裂化产品：轻质油（汽油、煤油、柴油或催化裂化、裂解制烯烃的原料）。

加氢裂化基本概念：加氢裂化属于石油加工过程的加氢路线，是在催化剂存在下从外界补入氢气以提高油品的氢碳比。

加氢裂化实质上是加氢和催化裂化过程的有机结合，一方面能使重质油品通过裂化反应转化为汽油、煤油和柴油等轻质油品，另一方面又可防止像催化裂化那样生成大量焦炭，而且还可将原料中的硫、氮、氧化合物杂质通过加氢除去，使烯烃饱和。

加氢裂化生产流程：按反应器中催化剂所处的状态不同，可分为固定床、沸腾床和悬浮床等几种形式。

加氢裂化生产设备：加氢反应器筒体、加氢反应器内件。

5. 溶剂脱沥青

溶剂脱沥青是一个劣质渣油的预处理过程。用萃取的方法，从原油蒸馏所得的减压渣油（有时也从常压渣油）中，除去胶质和沥青，以制取脱沥青油同时生产石油沥青的一种石油产品精制过程。

溶剂脱沥青原料：减压渣油或者常压渣油等重质油。

溶剂脱沥青产品：脱沥青油等。

溶剂脱沥青基本概念：溶剂脱沥青是加工重质油的一种石油炼制工艺，其过程是以减压渣油等重质油为原料，利用丙烷、丁烷等烃类作为溶剂进行萃取，萃取物即脱沥青油可作重质润滑油原料或裂化原料，萃余物脱油沥青可作道路沥青或其他用途。

溶剂脱沥青生产流程：包括萃取和溶剂回收。萃取部分一般采取一段萃取流程，也可采取二段萃取流程。沥青与重脱沥青油溶液中含丙烷少，采用一次蒸发及汽提回收丙烷，轻脱沥青油溶液中含丙烷较多，采用多效蒸发及汽提或临界回收及汽提回收丙烷，以减少能耗。

国内的溶剂脱沥青工艺流程主要有沉降法二段脱沥青工艺、临界回收脱沥青工艺、超临界抽提溶剂脱沥青工艺。

溶剂脱沥青生产设备：抽提塔、溶剂临界／超临界回收塔、增压泵。

6. 加氢精制

加氢精制一般是指对某些不能满足使用要求的石油产品通过加氢工艺进行再加工，使之达到规定的性能指标。

加氢精制原料：含硫、氧、氮等有害杂质较多的汽油、柴油、煤油、润滑油、石油蜡等。

加氢精制产品：精制改质后的汽油、柴油、煤油、润滑油、石油蜡等产品。

加氢精制基本概念：加氢精制工艺是各种油品在氢压力下进行催化改质的一个统称。它是指在一定的温度和压力、有催化剂和氢气存在的条件下，使油品中的各类非烃化合物发生氢解反应，进而从油品中脱除，以达到精制油品的目的。

加氢精制主要用于油品的精制，其主要目的是通过精制来改善油品的使用性能。

加氢精制生产流程：加氢精制的工艺流程一般包括反应系统，生成油换热、冷却、分离系统和循环氢系统三部分。

加氢精制生产设备：加热炉、反应器、高压低压分离器、汽提塔。

7. 催化重整

催化重整主要原料：石脑油（轻质油、化工轻油、稳定轻油），其一般在炼油厂进行生产。

催化重整主要产品：高辛烷值的汽油、苯、甲苯、二甲苯等产品，还有大量副产品氢气。

催化重整基本概念：在有催化剂作用的条件下，对烃类分子结构进行重新排列成新的分子结构的过程。

催化重整装置：催化重整是提高汽油质量和生产石油化工原料的重要手段，是现代石油炼厂和石油化工联合企业中最常见的装置之一，在催化剂存在的条件下，使原油蒸馏所得的轻汽油馏分转变成富含芳烃的高辛烷值汽油（重整汽油）和氢气的过程。其副产的氢气是加氢装置中用氢的重要来源（见图7-1-2和图7-1-3）。

图7-1-2　金陵石化350吨/年催化裂化装置

图7-1-3　某炼化厂装置图

二、石油炼化产业

（一）石油炼制工业

石油炼制工业是把原油加工为各种石油产品的工业。其包括石油炼厂（见图7-2-1和图7-2-2）、石油炼制的研究和设计机构等。石油炼厂中的主要生产工艺有原油蒸馏、热裂化、催化裂化、加氢裂化、石油焦化、催化重整以及石油产品精制等，主要产品为汽油、煤油、柴油、润滑油、石油蜡、石油沥青、石油焦和各种石油化工原料。

图7-2-1　石油炼厂的装置夜景图

石油炼制工业与经济的发展关系密切，无论工业、农业还是国防建设都离不开石油产品。各种高速度、大功率的交通运输工具和军用机动设备，如飞机、汽车、坦克、船舶，其燃料主要都是由石油炼制工业提供的。

图7-2-2　优美环保的石油炼厂装置图

在运动中的机械都需要一定数量的润滑剂（润滑油、润滑脂），来减少机件的摩擦和延长使用寿命。当前所使用润滑剂中的绝大多数是由石油炼制工业生产的。

（二）世界石油炼制工业概况

世界主要炼油国家油品消费结构中，以汽油、柴油和燃料油的消费量最大。日本和西欧的一些国家因煤和天然气短缺，电站锅炉和工业窑炉大量使用原油常减压蒸馏的渣油作为燃料油，因而炼油厂的加工深度较浅，催化裂化、石油焦化、加氢裂化等装置所占的比例较小。而美国等因煤和天然气较多，可用作锅炉燃料，还由于汽油需用量很大，故炼油厂多为深度加工，大部分渣油被加工转化为汽油。

1. 早期世界十大炼油国炼油板块的工艺装置结构比较

早期世界十大炼油国炼油板块的工艺装置结构的比较见表7-2-1。

炼厂的装置结构决定了它所能加工的原油种类和性质，也决定了它可向市场提供的商品油的种类和质量。炼厂的装置结构合理，一方面可以提高对原油的适应能力，无论是高硫原油还是重质原油都能适应，这样就可降低原料成本；另一方面它又可向市场提供质量好、品种多的成品油，产品的附加值就高。从表7-2-1看到，我国炼厂催化裂化装置的结构与美国相当说明我国炼厂有较高的重质油深加工能力。

表7-2-1　早期世界十大炼油国炼油板块的工艺装置结构比较

项目	常减压	催化裂化	催化重整	加氢裂化	加氢精制	加氢处理	焦化	热加工	烷基化	异构化	醚化	硫黄回收
全球平均	100	16.87	13.55	4.93	10.50	34.5	4.59	4.63	2.74	1.74	0.3	
美国	100	33.62	21.32	8.61	10.76	54.17	12.23	0.34	6.58	3.84	0.77	0.97
俄罗斯	100	6.07	14.15	0.7	—	38.79	1.47	6.43	—	—	—	0.07
日本	100	14.81	14.26	3.18	49.53	35.03	1.78	—	0.94	0.41	0.13	1.18
韩国	100	6.22	8.65	4.29	5.75	29.98	0.75	—	0.21		0.28	0.53
意大利	100	12.82	11.56	9.22	15.40	32.52	1.92	17.99	1.55	3.79	0.24	0.42
德国	100	14.94	17.48	5.44	29.91	44.08	5.38	9.79	1.06	2.69	0.38	0.64
加拿大	100	21.48	17.79	13.43	3.72	38.57	2.08	7.15	3.27	4.01		0.31
法国	100	18.53	13.95	0.80	10.18	42.80	—	8.12	0.97	3.61	0.22	0.32
英国	100	25.19	18.48	1.76	14.91	45.22	3.81	5.31	5.22	5.0	0.21	0.24
中国平均	100	33.51	5.66	4.91	13.35	1.84	7.85	3.32	0.52	—	0.39	0.21
中国石化	100	34.56	6.58	7.22	15.89	2.10	9.21	4.05	0.65	—	0.36	—

2. 2016年度世界炼油能力前10名企业排名

2016年，世界炼油能力前10名企业排名中，来自中国的石油企业独领风骚。中石化以绝对的优势占据炼油能力第一的位置，而中石油也以相对的优势排进了前三。老牌油企埃克森美孚的炼油能力也是不容小觑，紧随中石化排在了第二。除了埃克森美孚外，还有壳牌、道达尔和BP三家老牌石油企业进入炼化能力前十排名（见图7-2-3）。

在产品销售量排名中，西方老牌石油企业显出自己的底蕴。壳牌、埃克森美孚和BP联手蝉联前三名，这和西方老牌石油企业布局上中下游业务是分不开的。现在越来越多的石油企业已经不单纯的注重勘探开采，更加注重下游的销售。中石化和中石油同样进入产品销售量前十排名，中国"三桶油"也很早意识到产销结合的意义（见图7-2-4）。

在非国有占股油企排名中，西方知名油企占据了绝对的优势地位。不过令人惊讶的是，来自俄罗斯的石油企业占了三个，没有一家来自OPEC的非国有占股油企。BP公司紧随排名第一的埃克森美孚之后，排在了非国有占股油企的第二位。BP公司在综合排名中，也比上一年有了提高。可见BP公司在面对石油行情低迷时的运营能力和公司战略方向是值得各家石油企业借鉴和研究的，BP公司所提倡的企业管理理念也是其成功不可缺少的一部分（见图7-2-5）。

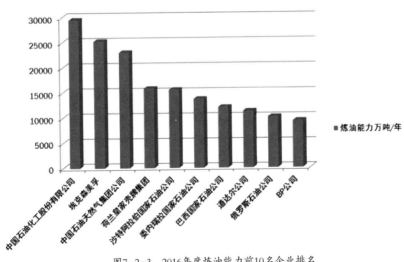

图7-2-3　2016年度炼油能力前10名企业排名

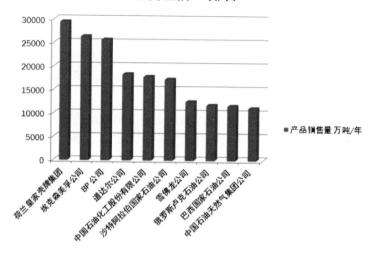

图7-2-4 2016年度产品销售量前10名企业排名

表7-2-2 2016年度非国有占股油企前10名企业排名

非国有占股油企前10排名		
排名	公司名称	Top50综合排名
1	埃克森美孚公司	3
2	BP公司	6
3	荷兰皇家壳牌集团	8
4	道达尔公司	10
5	雪佛龙公司	11
6	俄罗斯卢克石油公司	16
7	俄罗斯苏尔古特油气公司	24
8	美国康菲公司	29
9	西班牙雷普索尔石油公司	30
10	俄罗斯诺瓦泰克公司	35

（三）中国石油炼制概况

1. 中国的炼油史

（1）延长油田的炼油。

1907年初，清政府在延长县开始钻探中国陆上第一口油井。

1907年9月20日，延长石油官矿局兴办了炼油房，建成产能3600公斤的平罐蒸馏釜。运营的第一个月，该设备生产了450公斤煤油，被分装成14份，运送到陕西省的省会西安销售，这是中国的第一批石油产品。

1907年10月，由于缺乏设备和资金，延长石油生产经营几乎停止。1912年，辛亥革命后，陕西政府恢复延长县的生产经营，并更名为石油官厂。1914年，北洋军阀政府和美国美孚石油公司签署了中美合办油矿开发延长石油的协议，并成立中美石油矿事务所，但是，油量甚微，无重大发现，1916年勘探搁置，该事务所由中国接管。1917年，2号和3号炉进行检修，炼油能力提高一倍，可生产枪油、溶剂油及软硬石油蜡。

1934年4月，毛泽东领导的红军解放了延长县，收集钻机和炼油设施，并将延长油矿变革为延长石油厂。

1939年至1946年期间，延长石油厂为军队和百姓生产了160吨汽油，1500吨煤油，5760箱蜡烛和3890公斤蜡。

（2）新疆石油炼制。

在西北地区，新疆发现了石油。20世纪初，中国地质学家在独山子和克拉玛依进行了一些调查。1907年，新疆商务总局采集了一些石油样本送到俄国化验。结果表明，独山子生产的石油是质量最好的。炼油厂的炼化率为60%，足以与美国的产品相竞争。1909年，新疆当局从俄国购买大钻机、精馏塔和蜡烛制造机器。新疆迎来了石油生产和炼油业务。到1917年，新疆就能生产出优质煤油。1919年，新疆的乌鲁木齐工艺厂改制，剥离炼油业务，在原址上成立了安集海炼油厂。

1937年8月，独山子炼油厂生产出了第一批高质量的汽油。1938年和1940年，该设施一再升级改善。在苏联的帮助下，炼油厂开始运作年产50000吨的常压蒸馏塔。

从1936年至1949年9月新疆和平解放时，炼油厂加工原油10000吨，生产6000吨汽油、柴油和煤油。

2. 中国的现代石油炼制

中国是最早发现和利用石油的国家之一，但近代石油炼制工业是在中华人民共和国成立后，随着大庆油田的开发和原油产量的增长才得到迅速发展的。加工手段和石油产品品种比较齐全，装置具有相当规模和一定技术水平，已成为一个能基本满足国内需要，并有部分出口的加工行业。

2016年中国石化38家炼化企业的年加工石油能力达到32660万吨（见图7-2-6）。中国石油的32家炼化企业的年加工石油能力达到22200万吨（见图7-2-7）。

中国石油、中国石化的炼厂装置平均规模可分别提高到760万吨/年和850万吨/年。

表7-2-3　2016年度中国石化炼化企业加工量排名

序号	企业名称	所在地	加工量（万吨/年）
1	镇海炼化	浙江宁波	2300
2	茂名分公司	广东茂名	2000
3	漕泾炼化	上海高桥（筹建）	2000
4	金陵分公司	江苏南京	1800
5	上海石化	上海金山	1600
6	古雷炼化	福建漳州（筹建）	1600
7	中科炼化	广东湛江（筹建）	1500
8	福建联合石化	福建泉州	1400
9	天津分公司	天津大港	1380
10	燕山分公司	北京	1350
11	广州分公司	广东广州	1320
12	高桥分公司	上海浦东	1300
13	齐鲁分公司	山东淄博	1300
14	青岛炼化	山东青岛	1200
15	扬子石化	江苏南京	950
16	海南炼化	海南洋浦	920
17	洛阳分公司	河南洛阳	800
18	长岭分公司	湖南岳阳	800
19	武汉分公司	湖北武汉	800
20	安庆分公司	安徽安庆	800
21	济南分公司	山东济南	650
22	荆门分公司	湖北荆门	550
23	北海炼化	广西北海	500
24	湛江东兴	广东湛江	500
25	九江分公司	江西九江	500
26	石家庄炼化	河北石家庄	500
27	塔河分公司	新疆库车	500
28	沧州分公司	河北沧州	350
29	青岛石化	山东青岛	350
30	胜利石化	山东东营	280
31	西安分公司	陕西西安	220
32	巴陵石化	湖南岳阳	180
33	清江石化	江苏淮安	120
34	中原石化	河南濮阳	120
35	杭州石化	浙江杭州	70
36	南阳石蜡厂	河南南阳	60
37	泰州石化	江苏泰州	60
38	扬州石化	江苏扬州	30

表7-2-4 2016年度中国石油炼化企业加工量排名

序号	企业名称	所在地	加工量（万吨/年）
1	大连石化分公司	辽宁大连	2050
2	揭阳炼油	广东揭阳（筹建）	2000
3	华北石化分公司	河北任丘	1200
4	兰州石化分公司	甘肃兰州	1050
5	大连西太平洋	辽宁大连	1000
6	抚顺石化分公司	辽宁抚顺	1000
7	吉林石化分公司	吉林市	1000
8	四川石化	四川彭州	1000
9	钦州炼油	广西钦州	1000
10	云南石化	云南昆明（筹建）	1000
11	乌鲁木齐石化分公司	新疆乌鲁木齐	1000
12	独山子石化分公司	新疆独山子	1000
13	辽阳石化分公司	辽宁辽阳	900
14	锦州石化分公司	辽宁锦州	650
15	锦西石化分公司	辽宁葫芦岛	650
16	大庆石化分公司	黑龙江大庆	600
17	克拉玛依石化分公司	新疆克拉玛依	600
18	大庆炼化分公司	黑龙江大庆	550
19	辽河石化分公司	辽宁盘锦	510
20	大港石化分公司	天津	500
21	呼和浩特石化分公司	内蒙古呼和浩特	500
22	长庆石化分公司	陕西咸阳	500
23	宁夏炼化分公司	宁夏银川	500
24	哈尔滨石化分公司	黑龙江哈尔滨	300
25	庆阳石化分公司	甘肃庆阳	300
26	玉门油田分公司	甘肃玉门	250
27	胜华炼油厂	山东东营	150
28	青海油田分公司	甘肃敦煌	150
29	东油沥青厂	广西钦州	100
30	西南油气分公司	四川成都	90
31	广西田东石油化工总厂	广西田东	50
32	塔里木油田分公司	新疆塔里木	50

3. 中国炼化企业面临的挑战

第一个挑战来自国外大公司和周边国家地区同行。

近年亚太地区石化工业发展迅速，中国周边国家和地区的外向型石化工业，基本上都是以中国大陆为目标市场。

第二个挑战来自环保的压力。

可持续发展成为世界石化工业共同而紧迫的课题，中国炼油工业面临着为满足质量及环保要求带来的成本增加等压力。要抢占市场，必须在解决质量升级、清洁生产与降低成本、增加盈利这一突出矛盾方面付出更大的努力和代价。

第三个挑战来自国内资源的制约。

目前国内油气产量不能适应炼油工业发展的需要，国内原油消费量年增长7.3%，远远低于成品油和石化产品需求增长速度。

近几年，受国内产量下降和进口增加的影响，石油进口量剧增。

2004年进口石油量为1亿4千万吨，对外依存度已超过50%。

2015年4月份中国石油进口达到每日740万桶，美国的日进口量则是720万桶。

2016年中国原油对外依存度升至65.4%，比2015年提高4.6个百分点，这一对外依存度水平和美国历史上最高值（66%）非常接近。

这种油气资源供需矛盾，将给中国炼化企业增加更大的困难。

第八章

石油化工

一、石油化学工业

（一）石油化学工业定义

石油化学工业是为工农业和人们日常生活提供服务的基础性产业，它涉及能源、纺织、机械、轻工、建筑与建材、交通、电子以及农业等行业，在国民经济中占有重要地位。石油化学工业简称石油化工。

（二）石油化工简介

石油化工是以石油和天然气为原料，生产石油产品和化工产品。其产品主要包括汽油、煤油、柴油等各种燃料油和润滑油，以及液化石油气、石油焦炭、石蜡、沥青等。

石油化工产品，是炼油过程由提供的原料油经过一系列的化学加工而得到，其化学加工的步骤为：

第一步，首先对原料油和气进行裂解，生成得到基本化工原料（代表产品有乙烯、丙烯、丁二烯、苯、甲苯、二甲苯等）；

第二步，以基本化工原料为基础，生产出多种有机化工原料及合成材料（包括塑料、合成纤维、合成橡胶等）；

第三步，对有机化工原料继续深加工可制得更多品种的化工产品，但是，该加工的过程在习惯上不再列入石油化工的范围。

（三）石油化工的基础原料

石油化工的基础原料有炔烃（乙炔），烯烃（乙烯、丙烯、丁烯和丁二烯），芳烃（苯、甲苯、二甲苯）及合成气4种类型。由这些基础原料就可以生产出各种工农业生产需要的有机化工产品。

（四）天然气化工

以天然气为原料的化学工业简称天然气化工，其主要内容有：

①天然气制炭黑；

②天然气提取氦气；

③天然气制氢；

④天然气制氨；

⑤天然气制甲醇；

⑥天然气制乙炔；

⑦天然气制氯甲烷；

⑧天然气制四氯化碳；

⑨天然气制硝基甲烷；

⑩天然气制二硫化碳；

⑪天然气制乙烯；

⑫天然气制硫黄等。

（五）石油化工的作用

1. 石油化工是能源的供应者

石油化工生产所得到的汽油、煤油、柴油、重油以及天然气，是当前能源的主要供应者。据统计，全球约60%的能源消耗是来自石油和天然气。

2. 石油化工是材料工业的基础

金属材料、非金属材料和高分子合成材料是当今世界的三大材料。石油化工对三大材料提供了绝大多数的有机化工原料、大部分非金属的原材料以及部分金属材料的替代品，在各个材料部门大显身手，是材料工业的支柱性基础。

3. 石油化工促进了农业的发展

农业是一国经济的基础，石油化工为农业提供的氮肥占整个农业化肥总量的80%，提高了农产品的产量；塑料薄膜在农业中的推广使用，使得早先"靠天吃饭"的农业，发生了翻天覆地的变化，反季节的蔬菜和一年内多次收获的农产品层出不穷；农业大棚式栽种和合理的管理措施，使农业的发展道路走上了工业化进程。

4. 工业各部门离不开石化产品

石油化工产品在现代工业中的作用已经无可替代，这主要表现在以下五个方面：

第一方面，交通工业的发展离不开燃料，没有燃料就不可能有现代交通工业的发展，而燃料是石油化工的产品；

第二方面，金属加工、各类机械工业的发展毫无例外都离不开各类润滑材料，而润滑材料又恰恰是石油化工的产品之一；

第三方面，建材工业的发展也是离不开石化产品，因为石油化工的产品为建材工业提供了结实、耐用、美观且新颖的化学建材（例如塑料、涂料、PVC等）；

第四方面，轻工、纺织工业是石化产品的传统用户，所有新材料、新产品的开发都与石化产品有关；

第五方面，电子工业以及诸多的高新技术产业的发展也同样离不开石化产品，电子工业的日新月异对材料的要求也越来越高，只有石油化工产品能够满足其对材料的精细化新要求。

（六）石油化学工业与日常生活息息相关

石油化工产品与人们的生活密切相关。

从大的方面讲，太空飞船的制造与材料要求、飞机和轮船的制造材料与动力能源、火车与汽车的制成材料与动力来源，从小的方面说，人们日常使用的电脑、办公桌、牙刷、毛巾、服饰以及各式各样的建材与装潢材料等，这些都与石油化工有密切的联系。

可以这样说，我们日常生活中的"衣、食、住、行"都离不开石化产品。

衣——人们靠"衣"来美化和丰富生活，提高生活的质量。而制造人类"衣服"的材料主要来自于石油化工产品的合成纤维。

纤维衣料——中国从1959年开始发展合成纤维工业以来，加工制成了价廉物美的腈纶、涤纶、维纶、锦纶等合成纤维衣料，解决了人们的穿衣大问题。

科学计算证明，在一个占地约4000平方米的合成纤维厂里，每年可生产纤维90000吨，如果使用棉花的收成产生90000吨纤维，则大约需要土地1600平方千米。

食——民以食为天，食是人类生存的最基本需求之一。

石化工业不仅提高了农产品和畜产品的生产效率，而且还为农副产品的保鲜提供了可靠的材料，保证了人类生活的质量。

农业生产中使用石化产品的化学肥料，使粮食和副食品的产量增加，农副产品增产加快。据可靠资料，石化产品使农业生产能力增加了40%。

人们日常生活中使用的保鲜膜、食品包装盒等，全部是由合成树脂加工而成的。该化工产品的应用，不仅使食品和副食品等的保质期延长，使人们能够在较长的时间内享受到鲜美的食物，而且更主要的是，其极大地丰富和方便了人类的日常生活。

住——现代人对居住不再只是挡风避雨，而是享受由居住环境给人类带来的快乐、舒适。要满足人们对居住环境日渐增长的需求，石化产品首当其冲。

石化产品不但为人类提供美观耐用还防火防噪的建筑材料，而且随着石化产品的多样化，一些在建筑中轻便耐用且美观的环保产品，也陆续应用到建筑业中，譬如塑胶地砖、塑料管、环保的木塑、铝塑等复合材料，其在一定程度上取代了传统的木材和金属。

燃气的使用，让人们脱离了"烟熏火燎"的传统日子，迎来了整洁、美观、方便的全新餐饮生活。

行——古人云，行万里路如读万卷书，可见在古代的行路难。在现今的社会随着现代交通工具的使用，行万里路不再是什么难事，这一切的改变基本都依赖于石油化工行业为现代交通提供材料和动力。

塑料、橡胶、黏合剂等石油化工产品在交通运输工具上的使用，不仅降低了制造成本，而且还提高了其使用性能。据科学测算，一辆汽车的制造过程中，使用塑料材料制成的配件约占汽车总重量的7%～20%，而且由于塑料代替了金属等其他材料，汽车的重量减少了10%以上，汽车的油耗降低了10%左右。

总之，石油化工产品为人类提供了丰富多彩的生活用品，提高了人们的生活水准，极大地保证了人类生存的安全。

（七）石油化学工业的安全问题

石油化工企业的安全问题主要表现在如下几个方面。

1. 加工、生产物质危险性大

石化企业在生产经营所需要的原料、半成品和产品大都属于易燃、易爆的物质，极易发生安全事故。此外，石化企业所涉及的大都是强酸、强碱，具有较强的毒性和腐蚀性，对人类和环境有极大的危害，一旦处置不当极易造成人员伤亡。

2. 生产安全隐患影响范围大

石油化工企业的生产设备和装置都朝着大型化、集成化的方向发展，整套装置的完成需要许多个环节的生产、加工。大型化在给企业生产带来便利的同时也增加了生产、加工系统中的安全隐患。而且，因石化企业生产过程的连续性强，在大型的一体化设备区内，设备和生产之间的关联性极强，一旦某个环节出现问题，必然会牵扯其他关联的设备和生产环节，从而使危害的区域在极短的时间内迅速扩大，造成极大安全事故。

3. 生产条件较为苛刻

石油化工产品生产过程中，不仅需要经过多道物理、化学等的工序处理，而且在每个加工处理环节中，其条件的要求大都较为苛刻，一旦有一个条件不满足或加工的一个环节没有到位，就会引发极大的安全事故。比如，在蒸汽裂解时的环境温度超过1000℃以上，在深冷分离时的温度低至-100℃以下，更有甚者是在很多加工过程中环境的温度已经超过了物料本身的自燃温度，其生产的环境极其艰难，一不小心就有可能引发灾难性事故。

二、石油化工企业

（一）世界石化企业概况

1. 20世纪的世界石化企业

表8-2-1是美国《财富》杂志公布的2000年世界500强企业中主要石油石化企业概况，是以营业总额的高低排序的。

表8-2-1　世界500强中主要石油石化企业概况

排名	公司	营业额（亿美元）	利润额（亿美元）	资产额（亿美元）	雇员数（万人）	营业额（万美元/人）
1	美国ExxonMobil	2103.9	177.2	1490.0	10.0	210.3
6	英荷Shell	1491.5	127.2	1225.0	9.0	165.7
7	英国BP	1480.6	118.7	1439.4	10.7	138.3
14	法国Total	1057.8	63.8	824.0	12.3	86.0
45	委内瑞拉石油公司	536.8	72.2	571.0	4.6	116.6
51	美国Texaco	511.3	25.4	309.0	1.9	269.1

排名	公司	营业额（亿美元）	利润额（亿美元）	资产额（亿美元）	雇员数（万人）	营业额（万美元/人）
68	中国石化集团	453.5	7.2	646.7	117.4	3.86
69	意大利碳化氢	451.4	53.3	529.2	7.0	64.5
81	墨西哥石油公司	421.7	−21.3	595.8	13.5	31.23
83	中国石油集团	416.8	58.1	793.1	129.3	3.22
276	中国化工进出口总公司	180.4	0.92	47.0	0.86	209.7

从表中可以看出，中国的石化企业普遍存在的问题是：利润额度偏低、雇员人数过多、人均营业额极低。产生这种现象的原因很多，我们仅从石化企业所拥有的核心技术方面进行比较，就可以略见一斑。

（1）拥有的专利数。

在中国当时公布的授权专利中，国外大公司的专利占有机化工类的83%、高分子类的57%、催化剂类的58%、润滑油类的52%。可见，在石油化工的有机化工和高分子及催化剂方面的专利技术，国外企业占有绝对优势。

（2）投入的科研经费。

我国石油石化企业拥有专利数比例低的原因之一是我国企业投入的科研开发费用不足，尽管在《财富》全球500强排名中我国企业总数已达11家，但没有一家公司能跻身按科研开发费用排名的世界300家最大公司的行列。1998年，这300家公司在科研开发上的投入大约为2500亿美元，平均每个公司的科研投入超过8亿美元，这对我国石化企业乃至整个工业界来说都是无法望其项背的。正是由于国外公司在科研开发上的巨大投入和长期不断地开发，使它们成为储藏经济上有用知识和技术的全球主要仓库，它们实际上已经控制了10年乃至20年全球的技术主动权。

我国的炼油和石化工业是靠学习和引进先进技术而发展起来的，因此，我国在炼油和化工领域，除了炼油催化剂的研制外，几乎没有核心技术的优势可言。总体上来说，与国外先进技术相比，我国石化技术要落后10到15年。

2. 21世纪跨国石化企业仍占主导地位

进入21世纪以来，世界石化企业发展迅速，跨国石油石化公司仍占领着世界的主导地位（见表8-2-2），跨国石化公司主导世界石化企业的证据见表8-2-3。

表8-2-2　占世界主导地位的石化企业

公司类别		经营区域	跨国经营成本	规模	主要公司列举
先发型	全球一体化综合化工公司	全球化经营	高	大	巴斯夫 杜邦 拜尔 陶氏化学等
后发型	地区性大型化工公司	主要在北美地区/欧洲地区/亚洲地区	较低	小	三菱化学 韩华 三井化学 住友化学 东丽 台塑等

表8-2-3　2012年世界化工企业排名

排名	公司	销售额（百万美元）	排名	公司	销售额（百万美元）
1	巴斯夫	33779	11	壳牌	11490
2	拜尔	31061	12	ICI	9858
3	陶氏化学	27434	13	沙特基础工业	9075
4	杜邦	24006	14	旭化成	8995
5	阿托菲纳	20626	15	住友化学	8373
6	埃克森美孚	20310	16	索尔维	8302
7	阿克苏-诺贝尔	14681	17	液化空气	8284
8	三菱化学	14224	18	萨索尔	8200
9	BP	12507	19	莱昂德尔化学	8166
10	德固赛	12336	20	三井化学	7937

（二）中国石化企业的发展

经过改革开放近四十年的发展，我国已初步形成了比较完整的石油化工工业体系，并成为我国国民经济发展的基础型支柱产业，在国家和社会发展中发挥了重要作用。特别是经过石油化工产业的几次改革与重组，其发展速度加快，而且已经跻身世界石油化工大国行列。

据资料显示，2010年中国的石油化学工业已经超越美国，占据世界第一位。中国合成纤维的生产能力已达到世界第一、合成纤维的消费量居世界第一位；合成橡胶的生产能力排世界第二位、合成橡胶的消费量占世界第一位；乙烯的生产能力排世界第二位；合成树脂的生产能力排世界第二位。

2012年的石油化工行业总产值已经超过12万亿元，同比增长了12%以上，占全国规模工业总产值的13%以上。

在2016年的近3万家石化规模企业中，主营业收入超过13万亿元，利润总额超过6万亿元，是名副其实的中国支柱型产业。

（三）中国石化企业面临的问题

近几年，我国石油化工工业加大了结构调整和技术改造的力度，产业结构和企业布局明显改善，形成了一批大型石油化工骨干企业。但是，与国际一流企业相比还有一定的差距，具体表现在以下几个方面。

1. 企业规模化程度偏低

从2009年中国化工企业500强排行榜中，可以看出：在入围的500家企业中，年营业收入超过300亿元的1家、200亿元至300亿元的3家、150亿元至200亿元的5家、100亿元至150亿元的18家、50亿元至100亿元的61家、20亿元至50亿元的130家，其余为年收入20亿元以下企业。石化企业的大型化程度偏低，以分散式经营为主，虽然总量不少，但是集中的一体化企业较少。

2. 雇员数量极高

中国企业普遍存在人员偏多的现象，在石化企业中也是如此。

从前面的世界500强中主要石油石化企业概况中可以看出，中国石化企业由于雇员数量大，人均的利润数就显著地落后于其他国际性企业。即使产值总量不低，但是，一旦按照人均来核算，企业的竞争力就大打折扣，这极大地影响了中国石化企业的国际化发展。

中国石化企业要想走跨国式发展的道路，必须解决企业人员过多这个负面因素。

3. 核心技术研发投入偏低

不在核心技术上投入极大的研发力量和极多的研发资源，就不能走在企业发展的前列，就不能把握企业的未来走向，就只能跟随别人的脚步受制于人，企业的发展最终也只能是一句空话。

第九章

石油的储备与安全

一、石油的不安全因素

（一）安全问题

在17世纪前，人类对于事故与灾害是听天由命的。17世纪末期至20世纪50年代，随着生产方式的变更，人类从农牧业进入了蒸汽机时代，然后又进入了工业化时代，人类的安全认识提高到经验论和综合论水平，方法论有了"事后弥补"的特征，出现了事故致因理论、事故倾向性等研究和应用。

20世纪50年代以后，随着工业社会的发展和技术的不断进步，人类高技术的不断应用，如宇航技术、核技术的应用，本质安全理论、系统安全思想和理论得到广泛研究和推行。1962年美国成立了系统安全学会，1964年提出了《火灾、爆炸指数法》，人类的安全认识进入了本质论阶段，超前预防型成为现代安全文化的主要特征。

（二）石油本身的安全问题

1. 油品的燃点和自燃点的定义

燃点——油品在规定条件下加热到能被外部火源引燃并连续燃烧不少于5秒时的最低温度。

自燃点——油品在规定条件下加热，然后使其与空气接触，达到一定温度后，不需引火，油品即可因剧烈氧化而产生火焰自行燃烧，能产生自燃的最低温度称为自燃点。自燃点一般比闪点高数百摄氏度。

2. 油品闪点的定义

油品闪点，是指在规定条件下加热油品时，油品的蒸气同空气的混合可燃性气体，在有火焰接近时能发生瞬间闪火（一闪即灭）时的最低温度。

3. 不同油品的闪点范围

不同油品的闪点范围见表9-1-1。

表9-1-1 不同油品的闪点范围

油品	馏程（℃）	闪点范围（℃）
汽油	<200	-50~30
煤油	180~300	28~60
柴油	200~350	50~90
润滑油	350~500	130~325

4. 石油产品的危险等级

不同石油产品的危险等级划分标准见表9-1-2。

表9-1-2 石油产品的危险等级

油品名称	闪点（℃）	失火危险等级	备注
溶剂油类、汽油类、苯类	<28	1级	易燃石油产品
煤油类	28~45	2级	
柴油类、重油类	45~125	3级	可燃石油产品
润滑油类、润滑脂类	>120	4级	

（三）石油产品的危险特性

由于石油产品成分的特点，其本身具有的危险特性有挥发性、扩散性、易燃性、易爆性、易积聚静电荷性、热膨胀性、沸溢性，以及一定的毒性。

1. 挥发性

石油产品主要由烷烃和环烷烃组成，大致是碳原子数4个以下为气体，5~12个为汽油，9~16个为煤油，15~25个为柴油，20~27个为润滑油。碳原子数16个以下为轻质馏分，很容易挥发成气体。不同的油品，其挥发性不同，一般轻质成分越多，挥发性越大。汽油挥发性大于煤油，煤油挥发性大于柴油。同种油品在不同温度和压力下，挥发性也不同。温度越高，挥发越快；压力越低，挥发越快。

2. 扩散性

油品的扩散性及其对火灾危险的影响主要表现在以下三个方面：

一是油品的流动扩散能力取决于油品的黏度。黏度越低，流动性越好，扩散能力大；温度升高，黏度降低，油品的扩散性也增强。

二是油品比水轻，且不溶于水。这一特性决定了油品在水面的漂浮扩散能力。

三是油蒸汽的扩散性。油蒸汽的密度比空气略大，且很接近，有风时受风影响会随风飘散，即使无风时，它也会沿地面扩散出50米以外，并易积聚在坑洼地带。

3. 易燃性

油品的主要成分是碳氢化合物及其衍生物，具有可燃性，决定了其易燃特性。

4. 易爆性

油品的易爆性在于油品的燃烧能转变为爆炸，当油蒸汽遇到空气的混合气体并达到适当浓度时，遇到火源就会发生爆炸。爆炸是一种极为迅速的物理或化学的能量释放过程，其危害性极大。

5. 易积聚静电荷性

油品的电阻率很大，是静电非导体。当油品在运输和装卸作业时易产生大量静电，并且油品静电的产生速度远大于流散速度，很容易引起静电荷积聚，静电电位有的可达几千伏。

6. 热膨胀性

油品温度升高，体积膨胀；温度降低，体积减小。由于油品的热膨胀性，若容器罐装过满，当外界温度上升或下降速度过大时，则会造成容器内部介质压力过高或过低，超过容器承受能力，导致容器胀破、吸瘪等事故。

7. 沸溢性

油品沸溢主要是受热辐射、热波作用和水蒸气的影响。当油品被加热到沸点时，就可能沸腾而迸出，出现沸溢现象。

8. 毒性

油品及其蒸汽属于低毒性物质，可使人体器官产生不同程度的急性和慢性中毒。

二、石油生产的安全问题

（一）石油的存储安全问题

当在石油码头、储油罐、油库或储存基地中装卸或存储石油时，因石油的特点容易发生的灾害事故主要类型为重大火灾、爆炸和毒物泄漏扩散，其中爆炸类型包括液化气、可燃液体蒸汽云爆炸和沸腾液体扩展为蒸汽的爆炸。

为避免事故的发生，在建设石油储存设施前，企业必须按照《石油化工企业设计防火规范》的要求，对有关储存石油的设施以及运输，编制相应的应急预案。

编制的应急预案要重点考虑和回答好如下问题：

重大危险源性质与布局情况？

灾害事故的类型及规模？

灾害事故发生时谁指挥？谁救灾？拿什么救灾？怎么救灾？如何通讯联络？

发生事故后，应明确灾害的性质和类别：

是码头船舶装卸泄漏、火灾、爆炸事故？

是储罐泄漏、火灾、爆炸事故？

是输油管道破裂引发的泄漏、火灾、爆炸事故？

是火车槽车装卸泄漏、火灾、爆炸事故？

是汽车槽车装卸泄漏、火灾、爆炸事故？

是装桶作业泄漏、火灾、爆炸事故？

在应急预案中做好重大危险源信息管理工作，对危险源的地理分布和建筑物设施的布局，化工管线、消费管线、电源干线、排污管线等的走向分布，储油设施的基本类型、编号、高度、直径及储存的货种，以及最近区域的消防能力等情况一定要掌握清楚。

（二）石油企业中的安全问题

石油企业中所容易发生的安全问题，一般是指有毒、有害气体或液体的流失，其会对周围的环境和人民群众的生命财产造成危害。由于石油企业中所使用的原料或生产的产品，大多都有毒性且容易扩散和易燃易爆炸，因而极易造成大面积的污染和大范围的人员伤亡。

导致石油企业的安全事故主要有以下几个方面的原因。

1. 违章操作

当操作人员有违章作业行为时，就会引发生产的安全事故。据统计的资料证明：在石油企业中所发生的化学事故，违章作业引起的约占整体化学事故的27.8%。

2. 设备故障

由于设计上的缺陷、布局上的不合理、安全距离不达标或生产工艺不成熟等原因造成的事故，约占整体化学事故的50%。

3. 管理上的漏洞

因规章制度不健全，安全隐患不能及时消除，或者缺少必要的教育与培训等原因，引发的生产安全事故都应归咎于企业管理上的问题。

4. 意外因素

生产过程中遭遇突然的停水、停电等事件，也会引发石油企业中有毒物质运输过程中的撞翻、爆炸等事故。

（三）避免安全事故发生的措施

为避免在石化企业生产中出现安全事故，必须要做到以下几个方面。

1. 加强安全生产意识

在生产过程前，领导和员工要有高度的安全生产意识，企业领导必须组织员工对安全生产作必要培训和考核，只有安全考核合格的操作人员，才能进入到生产的第一线。企业领导要将安全生产的相关规章制度和操作规程贯彻落实到每一位员工，并以考核指标等纳入到领导和员工的绩效考核中，实行安全生产的"一票否决制"。同时，要定期重复进行安全责任意识方面的培训工作，避免引发重大事故。

2. 安全生产检查到位

在石油企业的生产过程中，做到安全生产检查的"坚持六亲不认、铁面无私"的安检原则，使生产过程中能及时发现安全隐患，并随时采取相应的技术措施进行消除安全隐患。

3. 严格生产现场管理

对石化企业生产现场的安全管理严格要求，避免一线工作人员的纪律散漫。

4. 加强企业安全生产管理

加强石油企业安全生产管理，主要由两个方面完成：一方面是企业领导对安全进行实时管理；另一方面是要有监督检查工作人员，对领导的安全生产管理工作进行监督执行，以确保企业的领导层不能因注重效益而忽略安全生产管理。

三、石油对国家经济政治军事的影响

（一）石油对经济的影响

石油与一个国家的经济安全关系重大。

一方面是因为石油能源在当代国家经济生活中的作用十分巨大。在当代，石油消费已经占世界各国全部能源消费中的40%以上。如果减少或失去了石油供应，社会生活以及政治、经济和军事活动都会受到巨大冲击，甚至是停滞。

二是因为石油及与石油相关的产业，已经涵盖了社会生产、生活、流通、分配和消费的众多行业和部门，它们加在一起，构成了整个国民经济的重要部分。如果减少或失去了石油的供应，这众多的部门和行业会受到严重冲击，从而造成极大的社会混乱和动荡。

石油与国家经济安全的关系是复杂的和多方面的：它既表现为对主要产油国经济安全的影响，又表现为对消费国经济安全的影响；既表现为对石油及石油化工产业安全的影响，又表现为对以石油及石化以外的其他各个产业部门的安全的影响；既表现为对国家宏观经济安全的影响，又表现为对国家微观经济结构安全的影响；既表现为对民用经济安全的影响，又表现为对军事经济安全的影响。

（二）石油对政治的影响

石油与政治的关系主要表现为，石油与国际政治大格局、石油与地缘政治、石油与地区稳定等方面息息相关。

石油企业快速发展的一百多年来，"石油因素"始终是影响国际关系的一个重要方面，"美国石油公司""英荷石油公司""英国石油公司"，都曾经是当时诸多世界政治事件及其复杂化的发起者。现在，尽管石油大亨主宰世界事务的时期早已过去，但目前无论是世界强国还是发展中国家，其政策的制定仍然受到石油因素的强烈影响。

（三）石油对军事的影响

随着军队现代化建设和机械化水平的不断提高，武器装备对于石油的依赖也越来越大。

首先，石油是武器装备的动力来源。武器装备的机动能都是由石油的化学能转化而来。没有石油，飞机上不了天，舰艇出不了海，坦克、军车都无法行驶，再好的战略武器也就成了废物。

其次，石油是战争的"血液"。当人类的战争进入了机械化、摩托化乃至信息化时代，海、陆、空立体战场上发挥巨大威力的战争机器，完全依赖于不断地给其注入的动力"血液"——石油。据不完全统计，第一次世界大战时，消耗石油仅为3600万吨左右，而到了第二次世界大战，消耗石油的数量达到了3亿多吨，其占各类作战物资消耗总量的38%。近几年的几次局部战争中，石油的重要性体现得更充分。1982年的英国与阿根廷的马岛战争，英国军队消耗石油60万吨，占作战物资消耗总量的60%；而仅有42天的海湾战争，美国军队消耗石油625万吨，占物资消耗总量的70%以上。

四、石油储备与安全

（一）战略石油储备

战略石油储备——是应对短期石油供应冲击（大规模减少或中断）的有效途径之一。它本身是服务于国家能源安全，用以保障原油的不断供给，同时也兼具平抑国内油价异常波动的作用。

1. 战略石油储备的起源

战略石油的储备制度起源于1973年。OPEC对发达国家搞石油禁运，发达国家联手成立了国际能源署。当时国际能源署要求成员国至少要储备60天的石油。

20世纪80年代的第二次石油危机发生后，国际能源署又规定，将石油的储备增加到90天。当前，世界上只有为数不多的国家，其战略石油储备达到90天以上的要求。

2. 战略石油储备的现状

战略石油储备是能源战略的重要组成部分。

世界上的众多发达国家都把石油储备作为一项重要的长期战略加以部署实施。

当前国际上的战略石油储备，有战略储备与平准库存两种石油储备形式。战略石油储备是应对在战争或自然灾难发生时，以保障国家石油的不间断供给。平抑油价波动的石油储备是平准库存储备。战略储备体系是服务于国家能源安全的，几乎不盈利。

3. 战略石油储备的意义

战略石油储备的主要经济作用是通过向市场释放储备油来减轻市场心理压力，从而阻止石油价格不断上涨的可能，以减轻石油供应对整体经济冲击的程度。战略石油储备还有以下作用：

①可以给调整经济增长方式，特别是能源消费方式争取时间。

②可以起到威慑作用，使人为的供应冲击不至于频繁发生。在OPEC交替实行"减产保价"和"增产抑价"的政策时，战略储备能够使进口国的经济和政治稳定。

4. 战略石油储备的运行机制

1973年的巴以战争导致中东石油供应中断，石油价格猛涨，引发世界性石油危机，给世界经济带来巨大损失。1974年11月，在美国等西方市场经济国家的倡导下，国际能源署（简称IEA）成立。1975年，美国国会通过了《能源政策和储备法》（简称EPCA），授权能源部建设和管理战略石油储备系统，并明确了战略石油储备的目标、管理和运作机制。

（1）企业商业储备超过政府战略储备。

美国的石油储备由政府战略储备和企业商业储备组成。在美国，政府战略石油储备规模仅占企业石油储备量的1/3。当前，美国的石油储备总量相当于150天进口量，美国的企业石油储备完全是市场行为，其政府也不干预企业的储备和投放活动，企业是根据市场供求来自主决定石油储备量和投放时机，政府只是通过公布石油供求信息来引导企业。

（2）政府战略石油储备的功能是防止石油禁运和供应中断。

联邦政府的战略储备是非军事用项目，其目标是防止石油禁运和中断石油供应，平时不轻易动用。

联邦政府向市场投放战略储备的方式主要有三种。

一是全面动用。

当石油进口中断和国内石油产品供应中断，以及遭遇破坏或者不可抗逆的原因造成的"严重能源供应中断"，导致相当范围和时间内石油产品供应大幅减少，价格严重上涨，对国民经济产生严重负面影响时，可全面动用战略储备。

二是有限动用。

当出现大范围和较长时间的石油中断供应时，可以部分动用战略石油储备。但动用总量不能超过3000万桶，动用时间不能超过60天，储备石油低于5亿桶时不能利用。

三是测试性动用。

主要是为了防止在紧急运用时发生故障，测试储备设施系统是否能够正常运行，测试动用总量不得超过500万桶。全面动用和有限动用都需要总统决定，测试性动用和分配授权由能源部部长决策。

（3）根据综合因素适时调整战略石油储备规模。

决定战略石油储备量时主要考虑进口绝对量、经济对石油价格的敏感性和储备成本等因素，同时还要考虑石油中断的可能性。

（4）政府决策与市场化运作。

美国战略石油储备的运行机制为：政府决策与市场化运作。

一是战略储备的决策方案，由能源部、财政部和白宫预算办公室会商，向总统提出方案；总统同意后，再向国会提出建议，由国会批准后生效。增加石油储备的预算是由财政部门一次拨给战略储备办公室。

二是联邦财政专款专用，联邦财政设立专门的石油储备基金专用预算和账户，支付建设储备库、采购石油到日常运行管理的费用。

三是储备石油采购和投放，基本上采用市场招标机制，避免由于战略储备量大而冲击市场。回收资金交回石油储备的基金专门账户，用来补充石油储备。还有一部分是以联邦石油资源的租金征收来的。

四是战略石油储备系统的运行管理方式，政府制定规划和政策，委托民间机构管理站点运行。

（5）根据成本效益分析确定石油战略储备技术路线。

政府在确定石油储备技术方案和储备量时，要进行成本效益分析。据美国能源部的分析，石油价格增长1倍，GDP将下降2.5%左右；每桶石油价格上升10美元，将给美国经济造成1年500亿美元的损失，经济增长率将减少约0.5个百分点。石油储备的成本包括：储备设施的一次性投入，采购石油所需资金，运行维护费用等。

美国具有得天独厚的石油储备条件。墨西哥湾附近的路易斯安那州和得克萨斯州境内集中分布着500多个盐穹，靠近石油化工产业带。联邦政府利用这些盐穹建成了四个大型储备基地，盐穹储油技术是当前世界上成本最低的石油储藏技术，在美国修建盐穹储库的成本大约是每桶容积1.5美元；每桶储备石油的日常运行和维护费用是25美分。

5. 各国战略石油储备的比较

美国的战略石油储备体系是一种比较典型的模式，世界各国因地制宜建立了相应的石油储备体系，各有千秋。

（1）多层次的石油储备体系，多样化的民间储备运作机制。

世界各国的石油储备体系都是由政府和民间储备组成的，政府战略储备只是石油储备的一部分。政府战略储备管理体制大同小异，企业储备的管理和运行机制差别较大。

美国的石油储备体系分为两个层次：政府战略储备和企业商业储备。政府和民间储备体系相对独立，企业储备完全市场化运作。

德国的石油储备体系分三个层次：政府战略储备、政府参与的企业储备联盟、企业储备。法律规定了政府和储备联盟的储备义务。政府战略储备由联邦财政支付，承担17天储量。储备联盟是德国石油储备的主体，由大型炼油企业、石油进口、销售公司和使用石油发电厂组成，承担90天的储备义务。储备联盟根据联邦政府的指令投放石油，储备费用来自银行贷款和消费者交纳的储备税。另外，德国的法律还规定石油炼厂要保持15天的储备，石油进口公司和使用石油的发电厂保持30天的储备量，政府不干预企业储备的投放，费用也由企业自己承担。

日本的石油储备分三个层次：国家石油储备、法定企业储备和企业商业储备。20世纪50年代，日本的有关法律就规定了企业的石油储备义务。

法国是最早建立企业石油储备制度的国家，以法定企业储备为主。早在1925年，法国的石油法就规定，在发放进口原油、石油副产品的经营许可证时，要求经营者有前12个月经营量的储备能力。1993年实施的新石油法规定，每个石油经营者都要承担应急石油储备义务，并维持上一年原油和油品消费量26%的储量，相当于95天的储备量。法国的战略石油储备专业委员会（简称CPSSP）代表政府负责制定储备政策和战略储备地区分布计划，向石油公司征收建立和维护石油储备的费用等，并代理一部分企业的石油储备任务。1998年CPSSP管理和支配950万吨战略石油储备，占全国储备义务的58%。CPSSP并不具体运行和管理石油储备站点，而是委托石油公司和安全储备管理有限责任公司运作管理。

综上所述，各国分配法定企业储备义务的主要方式：一是按经营石油企业的规模分配储备义务，如日本；二是根据销售额或消费额按比例分摊储备义务，如德国和法国。法定企业储备的管理和运作机制有三种：日本模式，在政府规划指导下，由规模以上企业分散储备。德国模式，企业组成联盟，统一规划和布点，集中筹集资金和运行管理。法国模式，政府授权专门机构代理部分法定企业储备。

（2）石油储备规模与一次能源结构和石油进口依存度有关。

根据国际能源署的研究和规定，成员国应该保持相当于90天进口石油量的储备（包括公共和私人部门的储备）。但是，实际上各国的石油储备总量都超过了90天。各国的石油储备模式与一次能源结构、石油资源分布和进口依存度有密切关系。总的来看，一次能源中石油比例越高、石油进口依存度越大，石油储备的规模就越大。

首先，石油储备规模直接与进口依存度挂钩。美国的石油消费量约占世界供应量的1/3，进口依存度为60%左右，其石油储备规模与石油进口量挂钩。日、德、法的石油进口依存度在98%以上，石油储备规模与消费量挂钩。

其次，石油在一次能源中的比例越高储备天数越多。日本的石油消费占一次能源的52%，而且国内几乎没有石油资源，石油中断的可能性和造成的损失最大，因此，日本的石油储备天数最多，政府储备的比例也较大。

再次，石油储备集中程度与石油储备条件、大用户的集中程度有关。美国具有得天独厚的石油储备条件：有相对集中的石化产业带，在靠近石化产业带的墨西哥湾附近两个州境内集中分布着大量盐穹。因此，联邦政府集中建设了4个储油基地。日本的石油主要靠进口，国土又是狭长岛屿，炼厂分散在沿海地区，因此，采取分散储备的模式。

（二）中国石油的战略储备

1. 中国石油进口量逐年激增

中国油气可采资源量仅占全世界的3.6%、2.7%。随着我国经济的持续快速增长，能源供需矛盾日益突出。1993年，中国已经从石油出口国变为石油净进口国。2002年进口原油达6941万吨；2003年进口原油9000万吨；2004年进口量为1.4亿吨；2009年中国原油进口依存度首次突破国际公认的50%警戒线；2011年，中国超过美国成为第一大石油进口国和消费国，原油对外依存度达55.2%，首次超越美国的53.5%；2015年中国原油净进口量为3.28亿吨，对外依存度达到60.6%。中国原油进口较10年前增长了1倍多。据测算，到2020年中国石油需求将达4.3亿吨至4.5亿吨，对外依存度将进一步提高。石油供应安全被提高到非常重要的高度，已经成为国家三大经济安全问题之一。

经济学家指出：一个国家的石油进口量超过5000万吨时，国际石油市场的行情变化就会影响该国的国民经济运行；进口量超过1亿吨时，就要考虑采取外交、军事措施以保证石油供应的安全。

2. 中国石油储备情况

2014年11月23日，中国国家统计局表示，国家石油储备一期工程已经完成，在4个国家石油储备基地储备原油1243万吨，相当于大约9100万桶。2015年年中的原油储备规模增长了约110%。截至2016年年中，我国建成9个国家石油储备基地，包括舟山、舟山扩建、镇海、大连、黄岛、独山子、兰州、天津及黄岛国家石油储备洞库，利用这些储备库及部分社会企业库容，储备原油3325万吨。

战略石油储备对于保障国家的能源与经济安全有着重大的意义，很多原油净进口国，都建立了比较完善的战略石油储备体系。

中国石油储备仍远未达90天安全线（2017年5月2日，每日经济新闻），国际上一些发达国家的石油储备量通常在90天以上（美国目前的战略储备为6.93亿桶，足以支持149天的进口保护；日本的战略储备也接近150天；德国的战略储备为100天），而我国还远不及这个水平，中国的石油储备仍然任重道远。

3. 石油战略储备的措施

石油是保障国家经济、政治安全的重要战略资源，关系到国家的安定和长远发展。建立战略石油储备，是进口依存度较高的石油消费国应对石油危机的重要手段，既可以在国际石油供应紧张、油价上涨时作为调配资源起到平抑油价的作用，充当调节器；又可以在突发性灾难或战争时期用以维系经济正常运行，充当减震器。

今后我国战略石油储备还应该研究借鉴美国等发达国家的做法，考虑引入市场化因素，培育石油储备的购买和销售市场，建立多层次的石油储备。具体储备方式、油源和资金来源可作以下考虑：

①油源、储备主体、运行模式多样化。可借鉴发达国家战略石油储备模式，寻求储备石油来源渠道多样化；实现储备主体多元化，政府储备、机构储备和企业商业储备并行；采用直管、代管等多种运营形式。

②征收能源资源使用税、费。

③实行石油市场配额制，将战略石油储备与产油国或国外石油企业在华

石油市场份额挂钩。

　　④加强与产油国在石油产油链上的投资合作。

　　⑤吸收石油美元投资换取产油国的"股份油"份额。

第十章

石油工业体系

一、石油工业

（一）石油工业定义

石油工业——石油勘探、开发和石油加工生产的一个工业门类，涉及的专业为勘查技术与工程（包括石油地球物理勘探、地球物理测井）、资源勘查工程、石油工程（包括钻井、采油、油藏工程）、油气储运工程和炼油、化工等。石油工业一般分为"上游"和"下游"两大部分，上游是石油勘探与石油开采，下游则是石油炼制与石油化工。

（二）石油工业分类

石油勘探——为了寻找和查明油气资源，而利用各种勘探方法探查地下地质构造状况，认识生油、储油以及油气的运移与聚集等条件，并根据勘查结果综合评价含油气远景，确定出油气聚集的有利地区，找到储油气的圈闭，探明油气田面积和储量的过程。石油勘探的目的是为国家的经济发展而增加原油的储备积累。

目前主要的勘探方法有以下四类：地质法、地球物理法、地球化学法和钻探法。

油气开采——将已经探明的埋藏在地下的石油和天然气从地下开采出来的过程。油气由地下开采到地面的方式可以分为：自喷和人工举升。

自喷是不需要人工施加外力，油气在自身压力下喷涌到地面，这种方式一般适用于地层能量充足的油田开发初期。

人工举升开采包括：气举采油、抽油机有杆泵采油、潜油电动离心泵采油、水力活塞泵采油和射流泵采油等。

石油储运工程——把分布在油田各井口处未经处理的石油和天然气的混合物，用一定科学的方法收集起来，经过严格的计量后汇集到集油站，油气混合物通过初步的简单分离，转输到联合站。在联合站点，油气混合物经过加热分离、脱水，变成稳定原油、干气、轻质油和净化采出水。然后，将分离出的不同油品分别通过不同的管道和泵站输送出去。

石油化工——以石油为原料生产的化学制品的工业。石油化学工业是新兴的产业，第二次世界大战后，大量化工原料和产品由原来的以煤和其副产品为原料转移到以石油和天然气为原料，石油化工是化学工业的基础性产业，在国民经济中占有极为重要的地位。

石油化工的原料主要是石油炼制过程中产生的石油馏分、炼厂气以及油田气、天然气等。在20世纪70年代后期，石油化工已经建立起一套完整的技术体系，其产品被应用到了国防与国民经济的各个领域。现在，国际上通常用乙烯、塑料、合成纤维、合成橡胶等四个方面的主要产品的生产能力和消耗量等指标来衡量国家在石油化工上的发展水平。

二、石油工业体系

（一）石油时代

1. 石油时代早期

工业革命发生后，化石燃料便一直被用作能源。煤炭开始被广泛使用，并保持着人类主要能源的地位。然而，随着两个事件的出现彻底加快了石油时代的发展进程。第一个事件是1846年亚伯拉罕·皮诺·格斯纳发明了煤油，将煤和石油变成了照明燃料。煤油的出现提高了石油的可用性，并因此增加了人们对石油的需求。第二个事件是埃德温·德雷克于1859年发明了用于现代深水油井的钻井技术，此技术的出现使石油开采业取得了良好开端。

约翰·戴维森·洛克菲勒于1870年创立垄断世界石油产业的标准石油公司。卡尔·本茨亦于1885年设计和制造了世界上第一辆能实际应用的内燃机发动的汽车，这些都推动了石油行业的蓬勃发展。

2. 石油时代后期

石油时代后期通常被业界认为开始于1901年，当时，石油公司在斯平德尔托普发现大量石油。从此，石油被大量开挖，并使大规模的石油消耗变为可能。电力的出现使得石油的使用量急剧增加。开始于1945年的经济扩张亦促使世界对石油相关产品的需求大增，同时，人口数量的急剧暴涨亦增加了对石油产品的需求。

3. 石油时代末期

自20世纪六七十年代以来，随着世界上许多工业化国家的石油产量达到当时的顶峰，不少业界学者和经济界人士便认为，全球的石油产量将会达到顶峰。

1956年，地球物理学家哈伯特推测：美国的石油产量将会在1965年至1970年期间达到顶峰。哈伯特亦根据1956年的石油产量数据，推导出世界石油产量将会在21世纪初达到顶峰。1989年，科林·坎贝尔预计世界石油产量将会在2007年达到顶峰。哈伯特估计，尽管石油产量会在某个年代达到顶峰，但石油时代仍然不会因此而马上结束，他估计，石油产量将会在2050年减半，这可能是石油时代的结束。

除了石油产量和需求会导致石油时代结束，其他燃料如果能取代石油的主要燃料地位，也可从此结束石油时代。随着1945年核能试验与使用的成功，许多学者就推测核能可能是石油时代的终结者，石油最终将会被核子时代取代，但是，核能至今仍然没有取代石油的地位。

（二）海洋石油工业特点

海洋石油工业对于陆上石油工业来说，由于其作业环境与条件的变化，形成了海洋石油的高投入、高技术和高风险的行业特点。

1. 高投入

海洋油气的勘探与开发，与陆地上的石油勘探开发比较，其作业环境与条件恶劣、作业的装备需求较高、作业的时间受海洋气候的影响而难以全天候，上述因素就迫使海洋油气资源的勘探开发投资巨大，同样面积的海洋石油勘探开发费用，可能是陆上油田费用的数倍甚至百倍。而且，随着水深的增加费用会持续增加。

通常在海洋上完成一口探井需要花费近亿元，建造一座中心采油平台花费近百亿元，而完成一个大型海洋开发项目，甚至要花费近千亿元。

2. 高技术

海洋石油开发的高昂的经济成本，迫使海洋石油勘探开发需要多学科的综合技术，其涉及的技术面宽，要安全、高效、可靠地进行海洋石油勘探开发，就必须广泛地采用当今世界最先进的技术与装备。如海洋地震勘探，目前国外已经成功使用了多缆多震源勘探技术进行海洋地震勘探的施工，数字电缆、高分辨率处理已是普遍采用的技术。在钻井勘探方面，小井眼、小曲率半径水平井钻井技术应用甚多。在测井方面，数控成像技术、大容量的传输系统及最先进的地面设备为油田开发方案的制订提供可靠依据。在油气田开发方面，采用化学聚合物热采集术、核能利用等方面提高稠油油田采收率，收到了明显效益。

3. 高风险

由于海洋石油的高投入，决定了其开发投资的高风险。

要想降低海洋石油勘探开发的风险，必须加大高技术的使用频率。目前，在海洋油气勘探开发中遇到的主要技术挑战是：海洋地震高分辨率数据采集、地震资料的叠前深度偏移处理、地震解释与储层的横向预测、数控成像测井技术、地质导向的小曲率长位移的水平钻井技术、用于边际油田的低造价轻型及移动式平台结构及工艺流程等。国际上大石油公司在近年油价低迷的情况下，利润不降，反有上升，秘密之一就在于关键技术上的突破降低了勘探开发成本，降低了海洋石油的勘探开发风险。

（三）中国海洋石油工业的发展历程

中国海洋石油工业发展分三个阶段。

1. 起步阶段

中国海洋石油工业于20世纪50年代开始起步于南海。1965年，海洋石油的重点转移到了渤海海域。在海洋石油工业的初期，中国使用自制的设备，经过艰苦的努力，在南海和渤海均打出了油气发现井。

从1957年到对外合作勘探开发海洋石油，当时石油工业部的所属单位在渤海、北部湾以及海南岛附近海域钻探井111口，有30口井获得工业油气流。

2. 发展阶段

1982年，中国海洋石油总公司成立，中国海洋石油工业进入了全新发展时期。

国家通过制定对外合作模式，起草《中华人民共和国对外合作开采海洋石油资源条例》（1982年1月30日发布），使海洋石油逐渐进入了自营与合作并举的局面。这阶段的特点是：

一是海洋油气勘探开发全面展开，逐步进入寻找经济有效储量和大幅度增长产量阶段；

二是生产建设资金中的自有资金比例日益增大，自主能力不断提高；

三是从生产型的管理进入生产经营及资产经营管理并举的阶段。

这三个特点说明，海洋石油工业的发展进入了一个良性循环的新时期。

3. 跨越阶段

世界各国对石油战略需求的日益增强，国际上的石油公司在20世纪70年代就已经将石油勘探开发的重点放在海洋，并迈向了浩瀚的深水。随着经济的高速发展，能源供应与需求之间的矛盾不断加剧，向深海进军已经成为我国海洋油气开发的必然选择。

南海深水领域已是世界上四大油气聚集地之一，其石油地质储量为230～300亿吨，占中国油气总资源量的1/3，其中70%蕴藏于深海区。面对国家能源需求的压力以及当前的国际形势，建立一个具有现代企业管理制度运营、上中下游一体化建设、现代应用技术研发与作业技术应用能力国际一流的能源公司已成为中国海洋石油的发展目标。

（四）石油工业体系简介

石油行业从早期的石油时代算起，已经走过了100多年的发展历史，为世界人类贡献了丰富多彩的石油产品，推动了人类文明发展的进程，同时也涌现出了一大批以石油为综合目的的企业集团。

1. 中国的主要石油企业

（1）中国石油天然气集团公司。

中国石油天然气集团公司（简称"中国石油"）是国有重要骨干企业（见图10-2-1和图10-2-2），是以油气业务、工程技术服务、石油工程建设、石油装备制造、金融服务、新能源开发等为主营业务的综合性国际能源公司，是中国主要的油气生产商和供应商之一。

2014年，中国石油在美国《石油情报周刊》世界50家大石油公司综合排名中，位居第3位，在美国《财富》杂志2015年世界500强公司排名中居第4位。2015年7月7日，中国石油市值达到3820亿美元（截至2015年

图10-2-1　中国石油天然气集团公司的标志

图10-2-2　中国石油天然气集团公司总部大楼

7月7日），位居全球500强企业第二位，成为全球市值第二大的企业。2016年7月20日，《财富》发布了最新的世界500强排行榜，中国石油天然气集团公司名列第3名。2016年8月，中国石油在2016中国企业500强中，排名第二。

中国石油拥有下属油田12个，分别是：大庆油田、辽河油田、克拉玛依油田、大港油田、华北油田、四川油田、吉林油田、青海油田、塔里木油田、吐哈油田、玉门油田和冀东油田。拥有油气田企业16家、炼化企业32家、销售企业36家、天然气与管道储运企业14家、海外业务企业11家、工程技术服务企业7家、工程建设企业6家、装备制造企业5家、科研及事业单位15家和其他单位8家。

（2）中国石油化工集团公司。

中国石油化工集团公司（简称中国石化）是1998年7月国家在原中国石油化工总公司基础上重组成立的特大型石油石化企业集团（见图10-2-3和图10-2-4），是国家独资设立的国有公司、国家授权投资的机构和国家控股公司。公司注册资本2316亿元，董事长为法定代表人，总部设在北京。中国石化控股的中国石油化工股份有限公司先后于2000年10月和2001年8月在境外、境内发行H股和A股，并分别在香港、纽约、伦敦和上海上市。

公司主营业务范围包括：实业投资及投资管理；石油、天然气的勘探、开采、储运（含管道运输）、销售和综合利用；煤炭生产、销售、储存、运输；石油炼制；成品油储存、运输、批发和零售；石油化工、天然气化工、煤化工及其他化工产品的生产、销售、储存、运输；新能源、地热等能源产品的生产、销售、储存、运输；石油石化工程的勘探、设计、咨询、施工、安装；石油石化设备检修、维修；机电设备研发、制造与销售；电力、蒸汽、水务和工业气体的生产销售；技术、电子商务及信息、替代能源产品的研究、开发、应用、咨询服务；自营和代理有关商品

图10-2-3 中国石油化工集团公司的标志

和技术的进出口；对外工程承包、招标采购、劳务输出；国际化仓储与物流业务等。

中国石化在2015年《财富》世界500强企业中排名第2位。 2016年《财富》世界500强之一 。

拥有全资子公司4个，分别为：中国石化销售有限公司、中国石化国际事业有限公司、中国石化化工销售分公司和中国石化炼油销售有限公司。拥有控股子公司14个、参股子公司4个、油田分公司15个、炼化分公司24个、石

图10-2-4 中国石油化工集团公司总部

油分公司31个、研究院8个、专业公司及其他单位9个。

（3）中国海洋石油总公司。

中国海洋石油总公司（简称"中国海油"）是中国国务院国有资产监督管

图10-2-5　中国海洋石油总公司的标志

理委员会直属的特大型国有企业（见图10-2-5），总部设在北京，有天津、湛江、上海、深圳四个上游分公司。中国海洋石油总公司在美国《财富》杂志发布的2014年度世界500强企业排行榜中排名第79位。在《中国品牌价值研究院》主办的2015年中国品牌500强排行榜中排名第27位。自1982年成立以来，中国海油通过成功实施改革重组、资本运营、海外并购、上下游一体化等重大举措，实现了跨越式发展，综合竞争实力不断增强，保持了良好的发展态势，由一家单纯从事油气开采的上游公司，发展成为主业突出、产业链完整的国际能源公司，形成了油气勘探开发、专业技术服务、炼化销售及化肥、天然气及发电、金融服务、新能源六大业务板块。

2016年8月，中国海洋石油总公司在2016中国企业500强中，排名第22位。

中海石油（中国）有限公司天津分公司，主要负责渤海海域油气资源勘探开发生产业务。渤海油田是中国海油产量最高、规模最大、前景最好的原油生产基地，拥有油田54个，生产平台113座，陆上终端4个，FPSO7条，船舶80艘，直升机8架。截至2011年底，渤海油田累计发现三级地质储量约50亿方油气当量，累计向国家贡献原油2.05亿方。2010年油田油气产量突破3000万吨，成为我国北方重要的能源生产基地。

中海石油（中国）有限公司湛江分公司，是由中国海洋石油总公司控股的中国海洋石油有限公司下属的一家境内分公司，主要负责中国南海海域石油天然气的勘探、开发和生产业务，总部设在广东省湛江市。公司下设18个部门和单位。公司拥有一支朝气蓬勃、锐意进取的高素质管理团队和员工队伍，现有员工2009人。

中海石油（中国）有限公司深圳分公司，坐落在美丽的深圳湾畔，是中国海油重要的原油生产基地与对外合作的沃土。南海东部海域油气勘探始于1983年，正值我国改革开放和现代化建设的新时期。1990年开始生产原油，当年生产原油13.8万吨；1996年登上了年产原油1000万吨的台阶，成为我国第四位重要原油生产基地。2011年，油气产量达到1079.5万方（油当量），连续16

年油气产量超千万方。是国内海上油气累计产量最高的海域。

中海石油（中国）有限公司上海分公司，隶属中海石油（中国）有限公司，主要以对外合作和自营的方式在中国黄海、东海等海域从事海上石油、天然气的勘探、开发和生产。所辖海域拥有广阔的石油、天然气资源勘探开发前景，对华东地区天然气的供给乃至国家能源战略的落实均有着重要意义。公司现有职能部门13个，在职工作人员855人。专业结构涵盖地质、物探、钻井、开发、工程、油气生产、企业管理等多个领域。

中海油研究总院（原中海石油研究中心），是中海油的技术参谋部、战略规划部、科技人才培养中心。作为中海油所属最大的综合性大型科研机构，中海油研究总院业务范围涵盖海上油气勘探研究，海外勘探、开发、工程目标评价与新项目识别，海上油气田总体开发方案设计，海上油气田工程基本设计和新能源研发；同时承担国家"863"项目、"973"项目、国家自然科学基金项目、国家重大专项和中国海油科技攻关等重大研究任务。

中海石油气电集团有限责任公司，是中海油的全资子公司，负责统一经营和管理中国海油天然气及发电板块业务。气电集团以LNG及相关产业为核心业务，以LNG接收站和管网为产业基础，以"清洁能源、平安运行"为指导理念，充分利用"两种资源、两个市场"，在中国沿海地区积极建设天然气大动脉，形成统一的LNG贸易平台，迅速确立了国内LNG行业领军者地位。气电集团正为中国沿海地区提供可靠和充足的清洁能源，为中国海油打造低碳竞争力和实现可持续发展的重要平台，努力将公司建设成为国际一流的清洁能源供应公司。

中海油田服务股份有限公司（简称"中海油服"），作为中海油旗下的国有控股公司，是一家分别在沪港两地上市、拥有近50年海上作业经验的综合型油田服务全面解决方案供应商。中海油服专业技术服务涉及石油及天然气勘探、开发、生产三个阶段，具有物探勘察、钻完井、油田技术、船舶服务四大主营业务板块，是中国乃至世界上功能齐全、服务链完整的综合型海上油田服务公司。

海洋石油工程股份有限公司（简称"海油工程"），是天津市新技术产业园区认证的高新技术企业，国家甲级工程设计单位，国家一级施工企业。

中海油能源发展股份有限公司，是中海油下属的三大专业服务公司之一，是中国唯一一家同时提供能源技术服务和化工产品的多元化大型产业集团。公司定位于综合型能源运营技术服务和能源化工产品供应商，立足于上游产业，为石油天然气的勘探、开发及生产和其他能源产业提供综合型、高质量服务；同时依托中下游产业，从事石油化工衍生品的加工生产及销售，在专业化基础上，实施多元化发展，建立独特的"服务+产品"的业务模式，以服务支持生产，以产品带动服务。公司形成了能源运维服务、能源综合服务、精细化工产品和健康与环保四大产业板块。

2. 部分跨国石油企业

（1）荷兰皇家壳牌石油公司。

荷兰皇家壳牌集团（Royal Dutch /Shell Group of Companies），于1890年创立（见图10-2-6），并获得荷兰女王特别授权，因此被命名为荷兰皇家石油公司。为了与当时最大的石油公司美国的标准石油竞争，1907年荷兰皇家石油公司与英国壳牌运输和贸易公司合并成立荷兰皇家壳牌集团。

图10-2-6　荷兰皇家壳牌石油公司的标志

总部位于荷兰海牙和英国伦敦，由荷兰皇家石油与英国的壳牌两家公司合并组成。公司实行两总部控股制，其中荷兰资本占60%，英国占40%，两总部分别设在荷兰鹿特丹和英国伦敦。集团公司下设14个分部，分别经营石油、天然气、化工产品、有色金属、煤炭等，其中石油、石化燃料的生产和销售能力居世界第二位。它是国际上主要的石油、天然气和石油化工的生产商，同时也是全球最大的汽车燃油和润滑油零售商。它亦为液化天然气行业的先驱，并在融资、管理和经营方面拥有相当丰富的经验。业务遍及全球140个国家，雇员近9万人，油、气产量分别占世界总产量的3%和3.5%。

壳牌的战略是为了巩固壳牌作为油气行业领导者的地位，以提供有竞争性的股东回报，同时以负责任的方式，帮助满足世界的能源需求。壳牌上游业务的发展重点是勘探新的石油和天然气资源，开发大型项目，以技术和经验为资源拥有者带来价值。在下游业务，壳牌的重点是通过运营现有资产在增长型市场进行选择性投资。

2016年7月20日，《财富》发布了最新的世界500强排行榜，荷兰皇家壳牌石油公司名列第五。

（2）英国石油。

英国石油BP（正式英文全称：BP p.l.c.。前称：British Petroleum，后BP简称成为正式名称），是世界最大私营石油公司之一（见图10-2-7），也是世界前十大私营企业集团之一。BP是世界上最大的石油和石油化工集团公司之一，由前英国石油、阿莫科、阿科和嘉实多等公司整合重组形成。公司的主要业务是油气勘探开发、炼油、天然气销售和发电、油品零售和运输，以及石油化工产品生产和销售。此外，公司在太阳能发电方面的业务也在不断壮大。BP总部设在英国伦敦。公司当

图10-2-7　英国石油的标志

前的资产市值约为2000亿美元，在职员工有85900人。

1909年BP由威廉·诺克斯·达西创立，最初的名字为Anglo Persian石油公司，1935年改为英（国）伊（朗）石油公司，1954年改为现名。BP的太阳花标志是根据古希腊的太阳神设计的。

2016年7月20日，《财富》发布了最新的世界500强排行榜，英国石油公司名列第十。

（3）雪佛龙股份有限公司（英文：Chevron Corporation，NYSE：CVX），是世界最大的能源公司之一（见图10-2-8），总部位于美国加州圣拉蒙市（San Ramon）并在全球超过180个国家有业务。其业务范围渗透石油及天然气工业的各个方面：探测、生产、提炼、营销、运输、石化、发电等。雪佛龙原名加利福尼亚标准石油（Standard Oil of California，简称Socal），是1911年标准石油由于反托拉斯法案分裂的结果。

图10-2-8　雪佛龙公司的标志

雪佛龙曾是美国第二大石油公司，是全球最大的综合性能源公司之一，也是全球最大且最具竞争力的公司之

一。公司凭借一个多世纪在产品创新、创造客户价值等方面的领先经验，为全球100多个国家的客户提供雪佛龙（Chevron）、德士古（Texaco）和加德士（Caltex）品牌的产品和服务。正因为如此，雪佛龙与众多的全球最具规模、最成功的公司建立起了长期的合作伙伴关系，包括勘探开发、炼油、销售和运输以及化学产品的生产、销售和发电业务。

（4）美国康菲国际石油有限公司。

美国康菲国际石油有限公司是一家综合性的跨国能源公司（见图10-2-9），全美大型能源集团之一。核心业务包括石油的开发与炼制，天然气的开发与销售，石油精细化工的加工与销售等石油相关产业，公司以雄厚的资本和超前的技术储备享誉世界。

图10-2-9　美国康菲国际石油有限公司的标志

康菲石油公司是美国第三大石油公司，全球第五大能源公司，在全球49个国家和地区拥有分公司和投资。公司年销售额890亿美元，全球员工37 000名。作为综合性能源公司，康菲石油在海洋钻井、勘探、提炼、制造等领域拥有崇高声誉。

（5）埃克森美孚公司。

埃克森美孚公司是世界领先的石油和石化公司（见图10-2-10），由约翰·洛克菲勒于1882年创建，总部设在美国得克萨斯州爱文市。埃克森美孚通过其关联公司在全球大约200个国

图10-2-10　埃克森美孚公司的标志

家和地区开展业务，拥有8.6万名员工。埃克森美孚公司是世界最大的非政府石油天然气生产商，在全球拥有生产设施和销售产品，在六大洲从事石油天然气勘探业务，在能源和石化领域的诸多方面位居行业领先地位。埃克森美孚见证了世界石油天然气行业的发展，至今已经跨越了130多年的历程，埃克森美孚严谨的投资方针以及致力于开发和运用行业领先技术及追求完善的运营管理，使之在全球位居行业领先地位。它是全球第一家市值超过4000亿美元的公司。

2016年7月20日，《财富》发布了最新的世界500强排行榜，埃克森美孚公司名列第六。

3. 石油输出国组织

石油输出国组织，即OPEC——Organization of Petroleum Exporting Countries，中文音译为欧佩克（见图10-2-11），成立于1960年9月14日，1962年11月6日OPEC在联合国秘书处备案，成为正式的国际组织。石油输出国组织总部自1965年9月起，由瑞士日内瓦迁往奥地利首都维也纳。石油输出国组织是第三世界建立最早、影响最大的原料生产和输出组织。其宗旨是协调和统一成员国的石油政策，维护各自和共同的利益。

图10-2-11　石油输出国组织的标志

OPEC组织条例规定："在根本利益上与各成员国相一致、确实可实现原油净出口的任何国家，在为全权成员国的四分之三多数接纳，并为所有创始成员国一致接纳后，可成为本组织的全权成员国。"该组织条例进一步区分了3类成员国的范畴：创始成员国——1960年9月出席在伊拉克首都巴格达举行的OPEC第一次会议，并签署成立欧佩克原始协议的国家；全权成员国——包括创始成员国，以及加入OPEC的申请已为大会所接受的所有国家；准成员国——虽未获得全权成员国的资格，但在大会规定的特殊情况下仍为大会所接纳的国家。目前，除去印度尼西亚被暂停OPEC成员资格以外，OPEC共有13个成员国，它们是：阿尔及利亚（1969年）、伊朗（1960年）、伊拉克（1960 年）、科威特（1960年）、利比亚（1962年）、尼日利亚（1971年）、卡塔尔（1961年）、沙特阿拉伯（1960年）、阿拉伯联合酋长国（1967年）、委内瑞拉（1960年）、安哥拉（2007年）、厄瓜多尔（1973年加入，1992年退出，2007年重新加入）、加蓬（1975年加入，1995年退出，2016年7月1日重新加入）（注：印度尼西亚1962年加入，2008年退出，2015年12月重新加入，2016年11月30日再次退出）。

现在，OPEC旨在通过消除有害的、不必要的价格波动，确保国际石油市场上石油价格的稳定，保证各成员国在任何情况下都能获得稳定的石油收入，并为石油消费国提供足够、经济、长期的石油供应。

海洋油气产业发展现状与前景研究

4. 世界石油会议

世界石油会议为非政府性的国际常设组织，宗旨是在国际范围内倡导石油科学技术并推进其发展。总部设在伦敦。该组织于1933年在伦敦召开的第一次世界石油会议上宣告成立，世界石油会议一般每四年举行一次，大会下设常任理事会、执行局和科学规划委员会三个机构，主要任务是处理组织的有关事务，确定会议召开的时间、地点和主要内容，并实施组织的宗旨。

会议的科技论文一般包括石油地质、勘探、钻井、采油、油藏工程、炼油、油页岩加工、石油化工原料、环境保护、人员培训、世界石油经济等方面的专题。

三、海洋油气产业体系在中国海洋经济中的位置

（一）2012年海洋油气产业概况

根据国家海洋局2013年发布的《2012年中国海洋经济统计公报》，2012年中国海洋生产总值达到50087亿元，比2011年增长7.9%。

其中，主要海洋产业增加值达到20575亿元（见图10-3-1）。

海洋油气产业在2012年主要海洋产业增加值构成中占7.6%。受国际油价波动的影响以及国内经济增速减弱、油气生产调整和产能控制等因素制约，海洋油气产业全年实现增加值1570亿元，比上年减少8.7%。

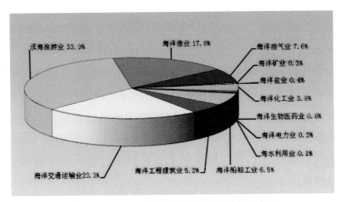

图10-3-1　2012年主要海洋产业增加值构成图

（二）2013年海洋油气产业概况

根据国家海洋局2014年3月发布的《2013年中国海洋经济统计公报》，

2013年海洋生产总值达到54313亿元，比2012年增长7.6%，海洋生产总值占国内生产总值的9.5%。其中，海洋产业增加值31969亿元，海洋相关产业增加值22344亿元。海洋第一产业增加值2918亿元，海洋第二产业增加值24908亿元，海洋第三产业增加值26487亿元，海洋第一、第二、第三产业增加值占海洋生产总值的比例分别为5.4%、45.8%、48.8%。据测算，2013年全国涉海就业人员3513万人。主要海洋产业保持稳定发展（见图10-3-2）。

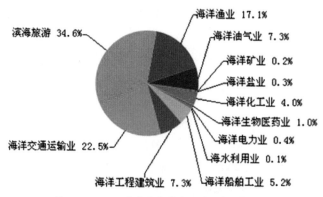

图10-3-2 2013年主要海洋产业增加值构成图

海洋油气产业在2013年保持稳定发展，海洋原油产量4540万吨，比2012年增长2%，海洋天然气产量120亿米³，比2012年减少4%，全年实现增加值1648亿元，比2012年增长0.1%。

（三）2014年海洋油气产业概况

根据国家海洋局2015年3月发布的《2014年中国海洋经济统计公报》，2014年全国海洋生产总值达到59936亿元，比2013年增长7.7%，海洋生产总值占国内生产总值的9.4%。海洋经济发展逐步从规模速度型向质量效益型转变。主要海洋产业保持稳定发展（见图10-3-3）。

海洋油气产业在2014年保持产量增长，但是因受到国际原油价格持续下跌影响，增加值减少。海洋原油产量4614万吨，比2012年增长1.6%；海洋天然气产量131亿米³，比2013年增长11.3%；全年实现增加值1530亿元，比2013年下降5.9%。

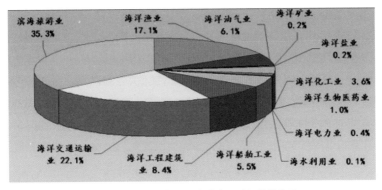

图10-3-3　2014年主要海洋产业增加值构成图

（四）2015年海洋油气产业概况

根据国家海洋局2016年3月发布的《2015年中国海洋经济统计公报》，2015年全国海洋生产总值达到64669亿元，比2014年增长7.0%，海洋生产总值占国内生产总值的9.6%。

据初步核算，2015年全国海洋生产总值64669亿元中，海洋产业增加值38991亿元，海洋相关产业增加值25678亿元。海洋第一产业增加值3292亿元，海洋第二产业增加值27492亿元，海洋第三产业增加值33885亿元，海洋第一、第二、第三产业增加值占海洋生产总值的比例分别为5.1%、42.5%、52.4%。据测算，2015年全国涉海就业人员3589万人。主要海洋产业保持稳定发展（见图10-3-4）。

海洋油气产量保持增长，其中，海洋原油产量5416万吨，比2014年增长17.4%；海洋天然气产量136亿米^3，比2014年增长3.9%。受国际原油价格持续下跌影响，全年实现增加值939亿元，比2014年下降2.0%。

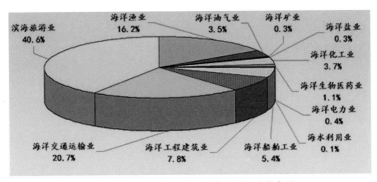

图10-3-4　2015年主要海洋产业增加值构成图

（五）2016年海洋油气产业概况

根据国家海洋局2017年3月发布的《2016年中国海洋经济统计公报》，2016年全国海洋生产总值达到70507亿元，比2015年增长6.8%，海洋生产总值占国内生产总值的9.5%。其中，海洋产业增加值43283亿元，海洋相关产业增加值27224亿元。海洋第一产业增加值3566亿元，第二产业增加值28488亿元，第三产业增加值38453亿元，海洋第一、第二、第三产业增加值占海洋生产总值的比例分别为5.1%、40.4%和54.5%。据测算，2016年全国涉海就业人员3624万人。主要海洋产业保持稳定发展（见图10-3-5）。

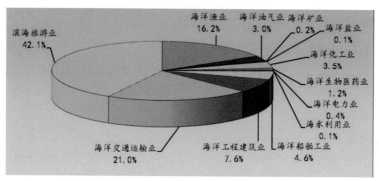

图10-3-5　2016年主要海洋产业增加值构成图

海洋油气产量同比减少，其中，海洋原油产量5162万吨，比2015年下降4.7%，海洋天然气产量129亿米³，比2015年下降12.5%。全年实现增加值869亿元，比2015年减少7.3%。

第十一章
石油的危害

一、石油的污染及处理

（一）石油对环境的影响

石油或其产品的燃烧会释放出热量和大量的二氧化碳，根据现有的研究结果揭示出：空气中二氧化碳含量已达到了65万年来的最高数值，预测该含量还会持续增高。该种现象的结果是：地球现今的温室效应会在今后越来越明显，其已严重地影响着人类的生活，损害了大自然的环境。

石油，这种矿物燃料，一方面是当前世界经济发展的基础，同时也是日益恶化环境问题的重要原因。

（二）石油污染的定义

石油污染——在石油开采、运输、装卸、加工和使用过程中，由于泄漏和排放石油引起的污染，主要发生在海洋。石油漂浮在海面上形成的油膜阻碍了水体的复氧作用，影响了海洋浮游生物生长，破坏了海洋生态平衡。油类沾附在鱼鳃上，使鱼类窒息死亡（见图11-1-1至图11-1-3）。

石油污染防治，除控制污染源，防止意外事故发生外，还可通过围油栏、吸收材料、消油剂等进行处理。

图11-1-1　石油污染导致贝类大量死亡

图11-1-2　石油污染危害生物　　　　图11-1-3　石油污染破坏海岸生态环境

石油污染的环境危害——石油对于环境不仅影响这么简单，如今应该要用危害来形容。污染可分为三个方面：

一是油气污染大气环境，表现为油气挥发物与其他有害气体被太阳紫外线照射后，发生理化反应污染，或燃烧生成化学烟雾，产生致癌物和温室效应，破坏臭氧层等。

二是污染土壤，这里我们不必多说明，大家都知道石油污染土壤的地方，寸草不生。

三是污染地下水，我们现在生活的水资源被污染，以致地方性癌症村屡屡皆是，这石油污染地下水的恶果是日渐严峻。

输油管线腐蚀渗漏污染土壤和地下水源，不仅造成土壤盐碱化、毒化，导致土壤破坏和废毁，而且其有毒物能通过农作物尤其是地下水进入食物链系统，最终直接危害人类。

（三）海洋石油污染

海洋石油污染——绝大部分来自人类活动，世界年产石油的一半以上是通过油船在海上运输的，这就给海洋带来了石油污染的威胁，特别是油轮相撞、石油泄漏等突发性污染事件，更是给人类造成难以估量的损失。

据统计，每年通过各种渠道泄入海洋的石油和石油产品，约占全世界石油总产量的0.5%。每年因各种原因倾注到海洋的石油量达200～1000万吨，由航运而排入海洋的石油污染物达160～200万吨。

近年来，随着港口码头年吞吐量逐年增加，导致潮流速度减少，流向改变，水交换能力变弱，淤积速度增大，给海洋环境带来很大的压力，近海海域石油污染亦呈增加趋势。

通常1吨石油可在海面上形成覆盖12平方千米范围的油膜（见图11-1-4），

此油膜阻隔了正常的海气交换过程，影响了生物链的循环，破坏了海洋生态平衡。

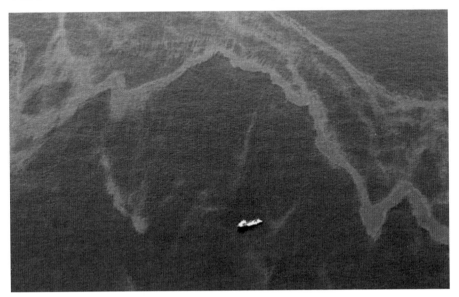

图11-1-4　石油泄漏后在海面上形成的油膜

（四）海洋石油污染的危害

1. 海洋石油污染对生态的危害

①影响光合作用。

泄露在海洋中的石油破坏了海洋中氧气和二氧化碳的平衡，油膜使透入海水的太阳辐射减弱，使得水温下降。

②影响海气交换。

油膜覆盖在海面，阻隔了氧气、二氧化碳等气体交换。

③消耗海水中的溶解氧。

石油分解消耗海水中的溶解氧，造成海水缺氧，导致海洋生态失衡。

④毒化作用。

石油中的芳烃有潜在的毒性、致癌性，对环境、人类有很大的潜在危害。

⑤引发海洋赤潮。

石油污染影响多种海洋浮游生物的成长、分布、营养吸收、光合作用并引发赤潮。

⑥加剧全球的温室效应。

⑦破坏滨海湿地。

2. 海洋石油污染对社会的危害

①石油污染对渔业的危害。

石油污染的海域，污染的水质使鱼、虾、贝类大量死亡。

②石油污染对工农业生产的影响。

海洋中的石油附着在渔船、网具上，难以清洗，增加了海洋渔业成本。受污染的海水对海水淡化和以海水为原料的企业生产影响巨大。

③石油污染对旅游业的影响。

海洋石油玷污了海滩等滨海旅游场地，破坏了旅游景点形象。

④海洋石油污染经食物链危害人的健康。

石油进入海洋后不易分解，其通过食物进入人体后，会危害人的肝、肠、肾、胃等器官，给人类健康带来危害。

（五）海洋石油污染的处理方法

1. 海洋石油污染的物理处理方法

①围栏法。

在海面上布设围栏以阻止石油在海面进一步扩散（见图11-1-5和图11-1-6）。

②撇油法。

使用工具将石油收集起来，防止其在海洋中继续扩散。

③使用吸油材料。

图11-1-5　围栏法阻止石油污染扩散　　　　图11-1-6　石油泄漏后的围挡处理示意图

使用亲油性的吸收材料，使溢油被粘在其表面，然后吸附回收。

2. 海洋石油污染的化学处理方法

①分散剂。

使用分散剂喷洒在污染区表面，使石油分散成细小的油珠分散在水中。该方法使用方便，不受天气、海况的影响，是在恶劣天气条件下处理溢油的首选方法。

②凝油剂。

使石油胶凝成黏稠物或坚硬的果冻状物。其优点是毒性低、不受风浪影响，能有效防止油扩散。

③其他化学制品。

使用破坏油水混合物的破乳剂，或者使用加速石油生物降解的生物修复化合物等。

3. 海洋石油污染的生物处理方法

所谓生物处理法，是人工选择和培育噬油微生物然后将其投放到受污海域进行人工石油烃类生物降解。

生物降解法的优点在于迅速、无残毒、低成本，是目前研究的重点。但生物在配合使用化学药品除油时生长、繁殖会受化学品的抑制，同时也要选择适当菌种以减小对当地生态系统的影响。

（六）石油对土壤污染的处理

在20世纪80年代以前，治理石油污染土壤还仅限于物理和化学方法，即热处理和化学浸出法。热处理法是通过焚烧或煅烧，可净化土壤中大部分有机污染物。化学浸出和水洗也可以获得较好的除油效果。

20世纪80年代后期，为解决输油管线和储油罐发生故障漏油时土壤被石油污染的问题，美国的埃索研究和工程公司就已经开始寻找清洁的生物解决方法，开创了生物修复石油污染土壤的先河。

1. 原位生物修复技术

直接采用生物降解菌修复石油污染的水体，在污染区建池和防渗处理，并阶段性地定量投入生物降解菌，使得受污染的水体得以在修复后达到标准。

2. 异位生物修复技术

异位生物修复主要包括以下几种方法。

①现场处理法。

通过对污染区的施肥、灌溉和加石灰等管理措施，保持氧气、水分和pH的最合适值，并进行耕作以改善土壤的通气状况，确保在污染废物和下面土层中污染物的降解。降解过程所用的微生物多为土著微生物。

②预制床法。

将受到污染的土壤转移到预制床上，通过施肥、灌溉，调节pH值，有时还加入微生物和表面活性剂，使其最适合污染物的降解。与同一区域的原位处理技术相比，预制床处理对三环和三环以上的多环芳烃的降解率明显提高。

③堆制处理法。

土壤的堆制处理就是将受污染的土壤从污染地区挖掘起来，防止污染物向地下或更大的区域扩散。堆制法是生物修复技术中的一种新型替代技术。堆制处理过程对污染土壤中的多环芳烃进行降解，多环芳烃的降解随着苯环数的增加而降低。

④厌氧生物修复法。

最近的研究表明以厌氧还原脱氯为特征的厌氧微生物修复技术有很大的潜力。

⑤生物反应器法。

是将污染土壤置于一专门的反应器中处理。生物反应器一般建在现场或特定的处理区。生物反应器处理的过程为：先挖出土壤与水混合为泥浆，然后转入反应器。为了提高降解速率，常在反应器先前处理的土壤中分离出已被驯化的微生物，并将其加入到准备处理的土壤中。

3. 植物修复技术

目前，对土壤有机污染的生物修复研究较多，但是，多集中在微生物作用上。事实上，植物对污染物的去除起着直接和间接的重要作用。

植物生物修复是利用植物体内对某些污染物的积累、植物代谢过程对某些污染物的转化和矿化、植物根圈与根茎的共生关系增加微生物的活性的特点，加速土壤污染物降解速度的过程。

植物生物修复是利用太阳能动力的处理系统，具有处理费用低、减少场地破坏等优点。

（七）石油对水体污染的处理

水具有流动性，所以水体石油污染和土壤石油污染的治理不同。

水体石油污染如不及时处理会使污染范围不断扩大，因此，水体石油污染的首要任务是控制污染，然后再对污染水进行处理。

1．海洋、江河、湖泊水体的污染治理

对海洋、江河、湖泊水体的处理，目前仅限于化学破乳、氧化处理方法进行分解处理净化吸附方法。清除海洋、江河、湖泊石油污染是非常困难的。防止油水合二为一的唯一选择是喷洒清除剂，因为只有化学药剂才能使原油加速分解，形成能消散于水中的微小球状物。

清除水面石油污染还有一些物理方法，如用抽吸机吸油，用水栅和撇沫器刮油，用油缆阻挡石油扩散等。

2．地下水体污染治理

地下水石油污染的治理，可采用水动力学方法，即通过抽水井或注水井控制流场，以防止石油和石油化工产品污染的进一步扩大，同时，对抽取出来的受污染的地下水进行处理。

臭氧氧化技术是石油污染的地下水的处理方法。经过臭氧氧化反应后，水体中有机物种类增加，经过一定时间接触氧化反应后，苯系物和稠环芳烃类在水中的相对含量有较大幅度下降，但酯、醛、酮类和烷烃类在水中的相对含量却大幅上升。

一般认为，水中芳香烃物质危害性较大，多具有较大的毒性和致癌性，而烷烃、酯类和其他低分子物质的危害性小得多。

（八）石油对空气的污染

石油工业对空气的污染危害已经相当明显。

到目前为止，石油产品对空气污染还没有一种很好的治理方法，仅局限于采用控制油气排放等措施，如制定汽车尾气排放标准等。

虽然石油产品对空气的污染是非常严重的，但是，由于空气比水体的流动和扩散性更大，其治理难度也同样巨大，现在除限制对空气污染的排放外均无良好对策。

二、世界上的石油污染事件

1967年3月，利比里亚油轮"托雷峡谷"号在英国锡利群岛附近海域沉没，12万吨原油倾入大海，浮油漂至法国海岸。

1978年3月，利比里亚油轮"阿莫科·加的斯"号在法国西部布列塔尼附

近海域沉没，23万吨原油泄漏，沿海400千米区域受到污染。

1979年6月，墨西哥湾一处油井发生爆炸，100万吨石油流入墨西哥湾，产生大面积浮油。

1989年3月，美国埃克森公司"瓦尔德斯"号油轮在阿拉斯加州威廉王子湾搁浅，泄漏5万吨原油。沿海1300千米区域受到污染，当地鲑鱼和鲱鱼近于灭绝，数十家企业破产或濒临倒闭。这是美国历史上最严重的海洋污染事故。

1991年1月，海湾战争期间，伊拉克军队撤出科威特前点燃科威特境内油井，多达100万吨石油泄漏，污染沙特阿拉伯西北部沿海500千米区域。

1992年12月，希腊油轮"爱琴海"号在西班牙西北部拉科鲁尼亚港附近触礁搁浅，后在狂风巨浪冲击下断为两截，6万多吨原油泄漏，污染加利西亚沿岸200千米区域。

1996年2月，利比里亚油轮"海上女王"号在英国西部威尔士圣安角附近触礁，14.7万吨原油泄漏，超过2.5万只水鸟死亡。

1999年12月，马耳他籍油轮"埃里卡"号在法国西北部海域遭遇风暴，断裂沉没，泄漏1万多吨重油，沿海400千米区域受到污染。

2002年11月，利比里亚籍油轮"威望"号在西班牙西北部海域解体沉没，至少6.3万吨重油泄漏。法国、西班牙及葡萄牙共计数千千米海岸受污染，数万只海鸟死亡（见图11-2-1）。

2007年11月，装载4700吨重油的俄罗斯油轮"伏尔加石油139"号在刻赤海峡遭遇狂风，解体沉没，3000多吨重油泄漏，致出事海域遭严重污染。

2010年4月，美国南部墨西哥湾的"深水地平线"钻井平台发生爆炸，事故造成的原油泄漏形成了一条长达100多千米的污染带，造成严重污染。

图11-2-1　石油污染祸及海洋生物

三、中国的重大石油事件

（一）渤海2号沉船事故

"渤海2号"钻井船是1973年由国外引进的一艘自升式钻井平台，由沉垫、平台、桩脚三部分组成，为大型特殊非机动船，用于海洋石油钻井作业。1979年11月25日"渤海2号"钻井船迁往新井位时，在拖航作业途中翻沉，遇难72人，直接经济损失达3700多万元。

1. 事件调查

"渤海2号"翻沉后，为从技术上弄清"渤海2号"翻沉真相，全国人大常委会做出决定，打捞"渤海2号"沉船，委托有关权威部门进行模拟试验，组织有关专家在青岛现场进行分析。

经过一年多的奋战，1982年7月，终于将"渤海2号"钻井船分割成十大块打捞上岸。1982年下半年，"渤海2号"翻沉进行了反复的实物科学技术鉴定、船模试验和电子计算机试验，基本查清了该船沉船的真实情况。

其一，从打捞的实物证实，全船甲板上共有10个通风筒，被风浪打掉4个，大量海水涌入泵舱、机舱，动力机械停止运行，无法排水，造成船体负荷迅速增加，丧失了稳定性，导致在风浪中沉没。

其二，船体设计上存在严重缺陷。

其三，中国船舶科研中心和上海交通大学经过船模试验和计算证实，"渤海2号"当时拖航状态的完整稳定性和干舷（船体露出水面部分），均大于规范规定和该船载重证书安全标准。

2. 石破天惊

导致这次事故的一个重要原因是这座进口钻井平台存在致命的缺陷。

参与青岛现场沉船调查的一位技术人员说，还有一个被忽视的鲜为人知的重要细节。该船在翻沉之前，曾经进行过一次大修，紧固甲板上通风筒盖的螺丝，公扣与母扣相差了一个型号，以陆上的眼光和经验来看，重以吨计的通风筒盖存在这么一点微小差距不会有什么问题，而凶悍无比的海浪恰恰瞅准了人们用肉眼看不到的这一丝缝隙，将通风筒盖彻底掀开，应了"蝼蚁之穴溃千里之堤"的古训。

（二）黄岛油库爆炸事故

1. 黄岛油库爆炸事故简介

黄岛油库爆炸事故发生于1989年8月12日的山东省青岛市的黄岛。该事故共造成19人死亡，100多人受伤，直接经济损失3540万元人民币。事故直接原因被认定是黄岛油库的非金属油罐本身存在不足，遭雷电击中引发爆炸。

2. 黄岛油库爆炸事故发生过程

1989年8月12日上午9时起，黄岛地区下起雷暴雨，9时55分，正在作业的黄岛油库5号储油罐突然遭到雷击，并发生爆炸起火，形成了约3500平方米的火场。14时36分36秒，和5号罐相邻的4号罐也突然发生了爆炸，3000多平方米的水泥罐顶被掀开，原油夹杂火焰、浓烟冲出的高度达到几十米。4号罐顶混凝土碎块，将相邻1号、2号和3号金属油罐顶部震裂，造成油气外漏。约1分钟后，5号罐喷溅的油火又先后点燃了1号、2号和3号油罐的外漏油气，引起爆燃，黄岛油库的老罐区均发生火情。

3. 黄岛油库爆炸事故后果

黄岛油库爆炸事故，共烧毁原油4万多吨，毁坏民房4000多平方米，道路2万平方米；黄岛近海的5200亩虾池和1160亩贻贝的扇贝养殖场毁坏，2.2万亩滩涂上成亿尾鱼苗死亡。另有数千至一万吨原油外溢，胶州湾水域被大面积污染，黄岛四周的102千米的海岸线受到严重污染，油污还蔓延到青岛市的海岸，市内数个海滨浴场亦遭到污染。

（三）大连输油管爆炸事件

1. 事件概况

事故起因：一艘30万吨级外籍油轮在卸油的过程当中，由于操作不当引发的输油管线爆炸。

2010年7月16日18时20分，大连新港输油管线发生爆炸，引起火灾，并导致部分原油泄漏入海（见图11-3-1和图11-3-2）。

图11-3-1 大连石油管道爆炸后的火灾现场

2．事件的影响

事故造成作业人员1人轻伤、1人失踪；在灭火过程中，消防战士1人牺牲、1人重伤。据统计，事故造成的直接财产损失为22330.19万元。

3．事件的原因

大连输油管爆炸事件的直接原因：中石油以及相关的上海祥诚公司，违规在原

图11-3-2　航拍大连石油管道爆炸污染的海域

油库输油管道上进行加注"脱硫化氢剂"作业，并在油轮停止卸油的情况下继续加注，造成"脱硫化氢剂"在输油管道内局部富集，发生强氧化反应，导致输油管道发生爆炸，引发火灾和原油泄漏。

4．事件暴露出的问题

一是在加入原油脱硫剂的操作前，缺少安全可靠的科学论证。

二是原油脱硫剂的加入作业方法不正规，少安全作业规程。

三是原油接卸过程中安全管理存在漏洞。事故单位对承包商现场作业监护不力。

四是事故现场的应急和消防措施失效。

（四）青岛输油管道爆炸事件

2013年11月22日凌晨3点，位于青岛市黄岛区的中石化输油储运公司潍坊分公司输油管线破裂，部分原油沿着雨水管线进入胶州湾，海面过油面积约3000平方米。当日上午10点30分许，黄岛区沿海河路和斋堂岛路交汇处发生爆燃，同时在入海口被油污染海面上发生爆燃。

1．事件原因

（1）泄漏原油进入市政排水暗渠。

事故发生的直接原因是，输油管道与排水暗渠交汇处管道腐蚀减薄、管道破裂、原油泄漏，流入排水暗渠及反冲到路面。原油泄漏后，现场处置人员采用液压破碎锤在暗渠盖板上打孔破碎，产生撞击火花，引发暗渠内油气爆炸。

（2）隐患排查整治不彻底。

中石化管道分公司潍坊输油处于2009年、2011年、2013年先后3次对东黄输油管道外防腐层及局部管体进行检测，均未能发现事故段管道严重腐蚀等重大隐患，导致隐患得不到及时、彻底整改。

青岛市相关单位对管道保护的监督检查不彻底，2013年开展了6次管道保护的专项整治检查，但均没有发现输油管道的安全隐患。

（3）应急处置不力。

事故发生后，相关的单位未按应急预案要求进行研判，没有及时下达启动应急预案的指令；未按要求及时全面报告事故的所有信息。

现场处置人员盲目动用非防爆设备进行作业，严重违规违章。

（4）规划混乱。

事故发生区域内，危险化学品企业、油气管道与居民及学校等近距离或交叉存在，造成严重的安全隐患。

输油管道与排水暗渠交叉运行，该两项工程设计严重违规。

输油管道在排水暗渠内悬空架设，给原油泄漏后进入排水暗渠提供了方便。

2. 事件后果

青岛输油管道爆炸事件，造成了62人死亡、136人受伤，直接经济损失7.5亿元。

爆炸受损的建筑物、道路等均必须进行修复或重建。泄漏原油致使近海养殖区的蛤蜊、螃蟹和鱼虾等大量死亡，近海及海滩上残存的原油对环境破坏严重。

第十二章

石油的未来

石油的不可再生，就决定了石油资源必定会有枯竭的一天。

届时，马路上不再有以燃油为动力的汽车，工业上的大部分润滑油会消失，建筑行业会减少很多原材料，我们的生活中会缺少很多生活用品等。

人类必须去寻找可能替代石油的新能源。

一、植物石油

（一）植物石油的兴起

1. 绿色能源植物石油

在植物界，不少乔木、灌木和藻类因其含有比较多的油质，可用以提炼植物石油。能够提炼石油的植物主要为夹竹桃科、大戟科、萝藦科、菊科、桃金娘科以及豆科，以上植物的茎、叶含有乳白色或者其他色彩的液体，这些液体便是能够提炼石油的主要原料。

许多植物学家的实验，验证了上述观点。

在美国的加州地区，有一种"黄鼠草"的植物（因黄鼠等都害怕该植物的气味，而得名）。通过对黄鼠草的种植实验可知：种植面积1公顷的黄鼠草可以提炼出1吨石油；如果对黄鼠草进行人工品种改良，每公顷的石油产量可提高到6吨，是未改良之前的6倍。而且，该黄鼠草对生存环境的要求极低，它可以在沙漠等地区繁育、生长。这样，种植黄鼠草既不占用良田，又改善了环境恶劣地区的生态环境，同时又得到了动力燃料，可谓"一举多得"。

在日本，植物科学家发现了一种草类植物，其具有较强的光合作用能力，而且是一种很理想的能提炼石油的芳草类植物。该植物仅一季就可生长到3米多高（当地人称它为"象草"）。象草，生长速度快，产量极高。植物科学家的实验证明：种植1公顷象草，每年可提炼石油达12吨。

在澳大利亚，科学家们发现桉叶藤和牛角瓜都可以用来提炼石油，这两种植物有较快的生长速度、较强的生命能力。实验证明：桉叶藤和牛角瓜每周可生长30厘米，且每年可以收割数次。

2. 藻类石油前景广阔

从前面的叙述可以看出，利用植物提炼石油具有较好的前景。但是，对于植物提取石油的研究还远没有结束，其前景的远大在于：在淡水中生存的一种丛粒藻可以被描述为产油机。实验证明：有些藻类生长迅速、产量高，能够直接排出液态燃油。例如，在美国西海岸附近生长的一种巨型海藻，每日可以生长60厘米，其含油量极高；在日本，科研工作者也从一种淡水藻类中成功提出了石油，且该藻类生产石油的能力远超过人们的想象。

（二）石油农业

在20世纪70年代，美国化学家梅尔温·卡尔文突发奇想：决定寻找能生产石油的植物，希望能从土地里"种"出石油。以该化学家为代表的研究小组，足迹踏遍了世界各地，从寻找和研究能产生石油的植物入手，在一段时期内，对十字花科、菊科、大戟科等十几个植物品种进行了深入细致的系列集中研究分析，做了大量的科学实验。数年后，终于在南美巴西的热带雨林中，发现了一种能产石油的奇树——三叶橡胶树。三叶橡胶树是一种高大常绿乔木，人们只需在其树干上打一个洞，胶汁就会源源不断地流出。

梅尔温·卡尔文研究小组，对从三叶橡胶树得到的胶汁进行化验分析，发现该胶汁的化学成分与柴油居然相似之极，因此，不需要进行加工提炼，即可当柴油使用。

1986年，在美国首先进行人工种植三叶橡胶树实验，1公顷土地每年可收获植物石油接近150桶。此后，欧洲的英国、法国、俄罗斯，南美的巴西，亚洲的日本和菲律宾等国家，也相继开展了石油植物的研究与应用，并建立起了一批以石油植物为主的基地，来生产植物石油。同时，科学工作者还借助生物学的遗传技术，对石油植物进行遗传基因技术的改良，以提高石油植物的产量，形成了一定规模的石油生产农业化。

（三）植物石油的优点

植物石油之所以有如此的市场，是因为其不仅弥补了化石石油的不足，同时，植物石油的优点也是天然石油所不具备的。

第一，植物石油是绿色资源，其生产过程和使用都不会对周围环境造成污染，是可持续发展的环保资源；

第二，植物石油是可以再生的能源，该能源可以按照一定的科学计划进行种植、开采和使用，不像天然石油是不可再生资源；

第三，植物石油是安全的能源，其与核能相比，安全、稳定。

二、太阳能

太阳能，是太阳中的核超高温聚变时释放出的巨大能量。太阳能的特点是：资源充足、分布广、安全和清洁。太阳能对环境没有危害，是人类理想的健康能源。

太阳能有多种形式的能量，其应用范围比较广。

在热利用方面，与太阳能有关的有：太阳能温室、太阳灶、太阳能热水器（见图12-2-1）等。

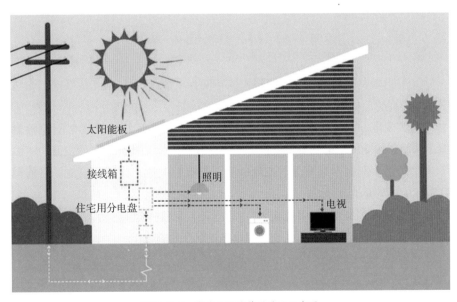

太阳能板

接线箱

照明

住宅用分电盘

电视

图12-2-1　家庭太阳能装置系统示意图

（一）太阳能发电

从太阳能中获取电力，这需要使用太阳能电池来进行光电转换（见图12-2-2）。太阳能发电要达到实际应用的水平，需要进行两个方面的改进：一是提高太阳能光电变换效率，二是实现太阳能发电的电网联网。

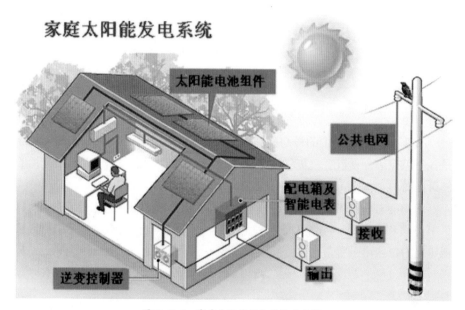

图12-2-2　家庭太阳能发电系统示意图

太阳能光发电技术——直接将光能转变为电能。它包括光伏发电、光化学发电、光感应发电和光生物发电。

光伏发电，就是利用太阳能级半导体电子器件有效地吸收太阳光辐射能，并使之转变成电能的直接发电方式，这是现今太阳能光发电的主流。

在光化学发电中有电化学光伏电池、光电解电池和光催化电池。目前得到实际应用的是光伏电池。

光伏发电系统由太阳能电池、蓄电池、控制器和逆变器组成（见图12-2-3），其中太阳能电池是光伏发电系统的关键部分。

① 光伏阵列　② 光伏逆变器　③ 计量电表　④ 交流接线盒
⑤ 智能电表　⑥ 家庭负载　⑦ 系统监控　⑧ 电网

图12-2-3　光伏发电系统示意图

（二）太阳能热发电

利用水或者其他装置把太阳辐射能转换为电能的发电方式，称为太阳能热发电。

太阳能热发电的实现方式：

首先，将太阳能转变为热能；

其次，将热能转变成电能（两种转变方式：一种是将太阳热能直接转化成电能；另一种是将太阳热能通过汽轮机等带动发电机发电）。

太阳能热发电的类型主要有塔式系统、槽式系统、盘式系统、太阳池和太阳能塔热气流发电等五种形式。

（三）太阳能的缺点

太阳能具有众多优点，这是我们一直使用它的原因。但是，太阳能在实际的应用中，也存在着不少影响其推广的缺点：

①太阳能会受地理纬度变化、季节不同、昼夜交替等因素影响其能量数量级的变化，这会影响所有设备的正常使用；

②太阳能的能量密度低，不宜大规模地使用；

③光伏系统的造价较高，制约了太阳能的适应范围；

④对太阳能的精准预测比较困难。

三、风力发电

（一）风力发电原理

使用风能驱动转子旋动，发电机在转子带动下旋转发电。

风力发电机组成：由风轮（叶片）、发电机、塔架和储能装置等组成。

（二）风力发电特点

风能，实际是太阳热源的另一种表现形式，是可再生的、无污染的自然能源，所以它引起了世人的普遍重视，现在全世界正在形成一种利用风力发电的热潮。

但是，风能的缺陷是它的间歇性特征，对其推广具有一定局限性，它要求必须有备用电力设施，或者要具备较强的电能储备能力，这样，才可以保证在风速较低时，提供备用电力作为保障。风力发电虽不能作为备用电源，但是，却是可以长期使用的能源。

（三）风力发电的使用

鉴于风能的能量强度低，且分布也不均衡的特点，只有在风能丰富的国家和地区，其使用和推广才具有实际意义。现在世界上，风能使用较多的为欧洲的芬兰、丹麦；在中国的西部地区也正大力提倡使用风能（见图12-3-1）。

在20世纪初的电气化之前，风车的应用区域很广，当时的风车动力，主要是为加工谷物和为小范围的低洼地实施灌溉提供动力。到20世纪的中期，风能才作为大范围发电动力进行推

图12-3-1　中国西部风力发电机组实景图

广。直到进入21世纪后，人们才又重新开始关注和使用风能，据不完全统计，现在风能已经成为最重要的可再生能源（超过了水电）之一。最新型的"风力涡轮机"的最大发电功率已经达到5MW。居民已经普遍接受了风能发电的电力来源。

四、潮汐发电

潮汐发电，在海水涨潮时将海水储存在水库内，形成一定的高差，以势能的形式保存能量；当落潮时放出海水，该过程利用高、低潮位之间的落差，带动水轮机旋转发电（见图12-4-1）。

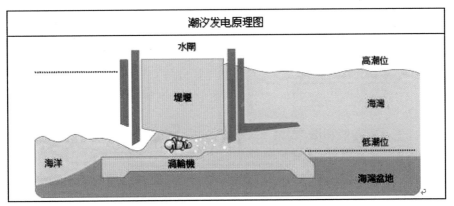

图12-4-1 潮汐发电原理示意图

（一）潮汐及规律

1. 潮汐

在海边，海水的潮涨、潮落是必然现象，而且海水的涨落每日出现两次，早上的为潮，晚间的称汐。潮汐现象，是由月球、太阳的引力及地球自身旋转所引起的，因此，潮汐是与月亮的位置有直接关系的自然现象。涨潮，海水奔涌而至，运动的海水产生动能；持续涨潮海平面逐渐升高，由动能转化为势能；落潮，海水奔腾而去，海平面逐渐下降，此时势能又转化回动能。

海水的这种随潮涨与潮落互动所出现的动能与势能的转化就称为——潮汐能。

2. 潮汐规律

潮汐的发生与太阳和月球直接相关，同时，和中国传统的农历对应，是有规律的自然现象。按照农历计时起，每月的初一将有最大的引潮力，俗称"大潮"；农历的每月十五日，即月亮圆的日子，也是"大潮"日；而在农历每月的初八日和二十三日，此时，太阳的引潮力和月球引潮力互相抵消了一部分，故会有"小潮"发生。

中国的农谚中"初一、十五涨大潮，初八、二十三到处见海滩"，即是这个意思。

此外，月球的轨道每天东移约13度，折合时间约50分钟，即每天月亮上中天的时刻（为1太阴日等于24时50分）约推迟50分钟，所以，每天涨潮的时刻也约推迟50分钟。

（二）潮汐发电条件

潮汐发电必须具备两个物理条件：第一，潮汐的幅度必须大，涨落至少要有几米的差距；第二，海岸边的地形具备储存大量海水的条件。

（三）潮汐能利用

潮汐能的首要利用方式是潮汐发电。

潮汐发电原理与普通水力发电类似，通过利用涨潮时和落潮时能量的转换，利用高、低潮位之间的落差来推动水轮机旋转（见图12-4-2和图12-4-3），带动发电机发电。

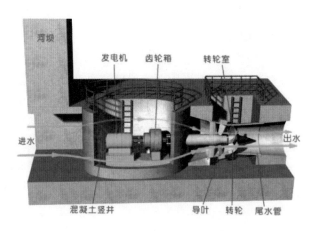

图12-4-2 水轮机结构示意图

图12-4-3　在工作的水轮机实景图

潮汐发电与普通水力发电的差别在于：

①潮汐发电使用海水，普通水力发电使用河水（淡水）；

②潮汐发电蓄积的海水落差较小，普通水力发电的河水落差巨大；

③潮汐发电的海水流量巨大，普通水力发电的河水流量相对较小；

④潮汐发电的海水具有间歇性，普通水力发电的河水是一直奔流不息。

（四）潮汐发电前景

潮汐发电的潜力巨大，据专家测算，全球能利用潮汐能发电的资源量超过10亿千瓦，这是一个庞大的天文数字，也就是说，潮汐发电具有广阔的前景。

经过多年来潮汐发电的实践工作经验，世界上适于建设潮汐电站的20几处地方已经在潮汐发电方面取得了一定成就，这包括：北美洲的美国阿拉斯加州的库克湾潮汐电站和加拿大芬地湾潮汐电站，欧洲的英国塞文河口潮汐电站，南美阿根廷圣约瑟湾潮汐电站，澳大利亚范迪门湾潮汐电站，印度坎贝河口和俄罗斯鄂霍茨克海品仁湾潮汐电站，以及韩国仁川湾潮汐电站等。

（五）著名潮汐电站

建成于1966年的法国朗斯潮汐电站，其总装机容量达到240兆瓦，单机功率达到10兆瓦，年发电量为5.4亿度，是当时世界上最大的海洋能发电工程，当然也是当时最大的潮汐电站。

到目前为止，世界上最大的海洋上潮汐发电站，是位于爱尔兰斯特兰福特湾的潮汐电站，同时，它也是全球十大可再生能源工程之一。

位于中国浙江省乐清湾北端的江厦潮汐实验电站，是中国于1974年建造的，集发电、围垦造田、海水养殖和旅游业等各种功能为一体的当时世界上第三大潮汐电站。该电站的最大潮差达到8.39米，平均潮差也达到5.10米，其总装机容量为3200千瓦。

（六）潮汐能优缺点

1. 潮汐能优点

①潮汐能是一种清洁、不影响生态平衡、取之不尽，用之不竭的能源；

②潮汐能是一种不受气候、水文等自然因素影响的相对稳定能源；

③潮汐能的使用不需要淹没农田，因此，潮汐电站的建设不存在人口迁移等复杂问题；

④潮汐电站不需要筑高水坝，不会对农田和人民生命财产等造成危害。

2. 潮汐能缺点

①潮差有变化，如无特殊调节措施时，会给使用带来不便；

②潮汐电站必须建在港湾海口，其施工的投资大、造价高；

③潮汐电站的水轮机长期浸泡在海水中，必须进行特殊的防腐处理。

五、核能

核能是在第二次世界大战时期，随着原子弹的出现，人类就开始研究将原子核释放出的巨大能量，并应用到除军事以外的领域。世界各国都在当时相继展开了对核能的应用研究。

（一）核能简介

核能释放的三种形式：打开原子核结合力的核裂变；原子中的粒子融合在一起的核聚变；核自然并缓慢的裂变形式——核衰变。

核裂变，又叫核分裂，是指由重的原子核分裂成两个或多个质量较小的原子的一种核反应形式（见图12-5-1）。

原子弹、裂变核电站或核能发电厂的能量来源就是核裂变。

核聚变是指由质量小的原子，在一定的条件下（如超高温和高压）发生的原子核互相聚合作用，生成新的质量更重的原子核。与核裂变相比，核聚变不会带来放射性污染等环境问题，是一种比较理想的获取能源的方式。

比原子弹威力更大的核武器——氢弹，就是利用核聚变来实现的（见图12-5-2）。

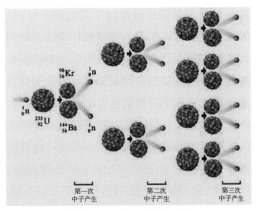

图12-5-1　核裂变示意图

（二）核能发电

利用核裂变或核聚变所释放出的巨大热能进行发电的方式，就叫核能发电。其与火力发电或核聚变极其相似，只是在核能发电中，以核反应堆及蒸汽发生器来取代火力发电装置中的锅炉，用核裂变或核聚变产生的巨大能量来取代由火力发电中的矿物燃料产生的能量。

核反应堆的工作原理是，动力堆中一回路的冷却剂通过堆心加热，由蒸汽发生器将热量传递给二回路或三回路的水，然后形成蒸汽推动汽轮发电机进行发电（见图12-5-3）。

图12-5-2　核聚变示意图

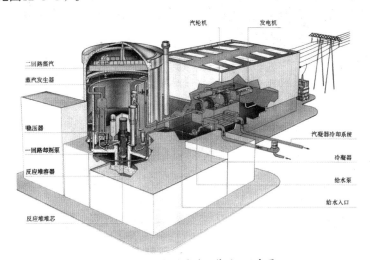

图12-5-3　核反应堆工作原理示意图

核能发电是比较经济实惠的发电方式，由科学的计算可以知道：1千克放射性物质铀所释放出的能量约相当于2700吨标准煤燃烧释放的能量。如果建设一座100万千瓦的大型火力电站，每年需要燃烧标准煤300～400万吨，要运送这些煤大约需要2760列火车的运量，同时，还必须清除约400万吨灰渣垃圾。而建设一座相同功率的核电站，每年的耗铀量仅仅为28吨；将消耗放射性物质的成本折算成1千瓦的发电经费用，只有0.001美元左右，这是传统的火力发电所不能达到的低费用成本，核能发电的优势及潜力是巨大的。

（三）核能简史

1954年苏联建成世界上第一座装机容量为5兆瓦的核电站。到1960年，约有5个国家建成了20座核电站。随着核浓缩技术的快速发展，核能发电在20世纪70年代进入了高速发展时期，到1978年全世界22个国家和地区的核电站反应堆总装机容量已达107776兆瓦。到1991年，全世界近30个国家和地区建成的核电机组为423套，总容量为3.275亿千瓦，其发电量约占全世界总发电量的16%。

中国的核电研究起步较晚，自行设计和建造的30万千瓦秦山核电站在1991年底投入运行（见图12-5-4）。

图12-5-4　核电站规划效果示意图

（四）核资源

据可靠的资料估算，全世界陆上适于开采的铀矿只有大约100万吨，即使算上低品位铀矿，其总量也不会超过500万吨，按现在的年消耗量，也只够开采几十年。然而，在巨大的海洋水体中，却含有十分丰富的铀矿资源。据科学计算，海洋中海水溶解铀的数量可达45亿吨，是陆地铀矿总储量的几千倍。假如能将海水中的铀全部提取出来，其所含的裂变能可保证人类几万年的能源需要。但是，海水中铀的浓度很低，1千克海水只约含有3克铀，从海水中提取铀，其技术和工艺都是十分困难的事情，这需要人类在不断的探索和研究中去解决海水中提取铀的适用技术方法。

（五）核安全

随着现今社会核能设施的增多，核安全问题也成了至关重要的问题。为此，国际原子能机构制定了《核事故或辐射紧急援助公约》《及早通报核事故公约》《核材料实物保护公约》《核损害民事责任1963年维也纳公约》《核安全公约》和《废燃料管理安全和放射性废物管理安全联合公约》等辐射防护基准标准，以确保国际社会的安全稳定。

（六）核保护

核保护，应该从两个方面来说明：

第一，如何利用核能技术来保护好我们的生活家园（见图12-5-5），使人类能幸免于各种灾难的侵扰，即使用核能技术保护人类！

第二，保护在核附近工作的人员和核

图12-5-5　利用核能保护家园

设施附近的居民健康。在核电站的设计、建造和运行上均采用纵深防御的原则，从设备、措施上提供多等级的重叠保护，以确保核设施对功率能有效控制、对燃料组件能充分冷却、对放射性物质不发生泄漏。

核设施附近的防御原则包括如下几个方面：

①从核设施的设计开始，到建造施工的过程，都必须确保核设施周围有精良的硬件环境，同时对周围的环境监测、工作人员的教育培训都必须有周密的程序和严格的制度；

②加强运行管理和监督执行，及时发现和正确处理异常情况，及早排除故障隐患；

③一旦发生严重异常情况，要确保有保护和控制系统制止，杜绝由于设备故障和人为操作差错造成事故发生；

④特殊情况发生时，能确保启用核设施安全预防系统，防止事故进一步扩大；

⑤万一发生极不可能发生的放射性外泄事故，确保能启用核设施内外应急响应计划，以努力减轻事故对周围居民和环境的进一步影响。

第十三章
石油产业的发展趋势

一、海洋石油勘探技术的发展趋势

石油勘探技术的成就，主要取决于地震勘探技术的发展。今天，海洋石油勘探技术同样依赖于海洋地震勘探技术的进展。

在过去100多年的石油勘探历史中，地震勘探技术的发展方向，已经从常规地震勘探向高密度、高分辨率地震勘探转移，从勘探地震向勘探地震和开发地震并行转移，地震采集技术从单分量向多分量地震转移，从石油勘探向油藏监测转移。

（一）海洋地震勘探技术发展趋势

1. 高密度三维地震勘探技术

高密度三维地震勘探，在缩小面元尺寸的同时优化了施工参数，数据处理过程中有针对性地提高了分辨率，改善了目标区的成像质量，与传统的地震勘探技术相比，提高了地震资料纵向和横向上的分辨能力（见图13-1-1）。

2. 宽频带采集处理技术的应用与发展

宽频带采集技术获得的地震资料，既丰富了低频信息，又压制了鬼波干扰，达到了拓宽频带的目的。

海洋深水区域的地貌环境、水深变化、断裂体系等都极其复杂，常规地震采集的资料在中深层的反射信息弱，信噪比低，难以满足地震地质的解释分析要求。

宽频带采集处理技术的应用，不仅解决了地震勘探频带宽度限制和低频信息不丰富的世界难题，而且得到的最终成果优于常规地震的结果（见图13-1-2）。

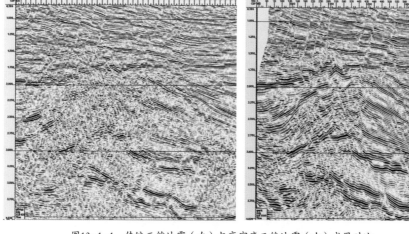

图13-1-1 传统三维地震（左）与高密度三维地震（右）成果对比

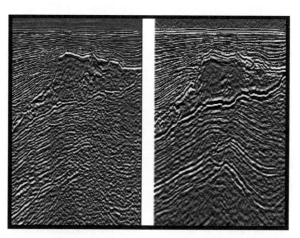

图13-1-2 常规老资料处理（左）与宽频带采集处理（右）结果对比

3. 宽方位角采集处理技术

常规的地震拖缆采集技术所获得的地震资料缺少横向信息，在地质结构复杂且覆盖次数分布极不均匀的情况下，难以对复杂构造进行精确成像。宽方位角采集处理技术，其结果不仅使深部地层的成像质量提高（见图13-1-3），而且，还能获得丰富的横向地层信息，为后续的地震地质解释提供了数据基础。

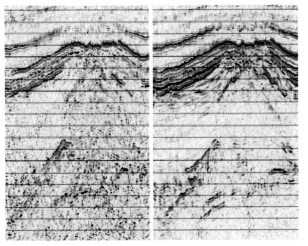

图13-1-3　窄方位角资料处理后（左）与宽方位角资料处理后（右）成果对比

（二）无源地震监测技术

无源地震监测技术是对天然或者施工产生的微小震动进行分析，用以动态监测在油田开发过程中出油层的断裂面，通过分析识别出断层裂缝及潜在的不稳定的区域，从而确定出新的有效开采点。虽然该技术还没有在勘探开发上直接应用，但是，它必将用于未来石油的勘探与开发中。

（三）全自动智能控制技术

现在的勘探开发技术只是对相关的部分信息进行分析，还不能够全面整体地进行全面分析和监控。随着信息化、自动化和智能化技术的发展，未来石油勘探开发技术的发展趋势，必然是自动化和智能化，其不仅可以有效地监控地下全部油层信息，还能使用相关的石油信息和软件进行操作，实现油田开发的自动化生产。

二、海洋石油开发工程的发展趋势

（一）海洋石油开发技术的发展趋势

1. 深水随钻测井技术

随钻测井技术，是在钻井的同时使用仪表化的钻铤测量地层的岩石物理和含油气信息，并即时指导钻进的石油钻井技术。其优点是：首先，能在钻井时的任意条件下完成测井资料采集。其次，能获得地层特性的真实信息。最后，能精确指导钻井和保障钻井安全。

我国的深水位随钻测井技术，已达到国际先进水平（见图12-2-1）。

图13-2-1　随钻测井技术示意图

2. 井下闭环钻井技术

井下闭环钻井技术，是井下随钻测量、数据采集、数据综合解释、井下操作自动控制等多项技术的集成。

（二）中国海洋石油工程开采技术发展建议

1. 技术方面

发展深海技术，在吸收国际先进技术的基础上，实现自主创新。

2. 设备建造方面

由单一造船向FPSO等深海装备转变扩展。

3. 海洋石油工程配套集成

发展海洋石油工程的中央集成系统等高端技术。

4. 人才培养

改变用人机制，培养新一代的懂技术会管理的海洋石油工程人才。

5. 建立完善海洋石油工程风险应急机制和法律规范

（三）海洋石油勘探开发装备的发展趋势

1. 高科技的发展上，向世界看齐

海洋石油勘探开发装备具有高投入、高风险特点，其要求生产和使用者必须具备高科技能力。现在，挪威、瑞典、荷兰以及美国等欧美国家，基本垄断了包括深水与超深水技术、钻井平台等在内的高端设计技术。因此，我国需要在引进和吸收世界先进经验的基础上，加强海洋石油勘探开发设备等方面的人才培养，向国际高技术看齐。

2. 规模化与系统化

海洋石油勘探开发装备业是一个涉及诸多特殊行业的复杂结构体，其包含内容多、牵扯范围广。所以，我国要想在海洋石油勘探开发装备行业上有发展，就必须从规划、定位、制造、配套、使用、维护、监管等方面统筹考虑，并形成一定规模的系统化工程。任何一个环节的纰漏，都会导致巨大的损失！

3. 海洋石油平台设计趋势

中国海洋石油平台装备的专业化程度还有待加强，平台设计上应该充分注重开采的安全性，降低人工劳动的强度，向着自动化的发展方向迈进。

（四）海洋石油国际工程管理方面问题及对策

1. 海洋石油国际工程管理方面问题

（1）风险规避机制不完善。

海洋石油国际工程对技术要求高，投入巨大，风险更大。至2015年，中国海油代表国家与外商签定的石油合作开发合同超过了200个，能继续维持执行的仅41个，占20%。最大问题是，缺少规避风险的规范化和法制化依据。

（2）海洋石油工程项目管理的人才短缺。

有专业的技术人才，但是不具备解决实际问题的灵活和变通能力。

2. 海洋石油国际工程管理方面的对策

（1）建立完善的项目风险应急机制。

（2）成立专门的培养机构，改善用人机制。

三、海洋石油运输与储备的态势

据国际石油储备的标准要求，战略石油存储需要达到90天左右，才能在

紧急时刻保障国家的能源安全。目前，日本石油储备达158天。美国石油储备达139天。也就是说，即使所有的石油进口中断，且不依靠国内的石油生产，仅石油储备美国可以连续使用139天，日本可以连续使用158天。

据最新资料，2017年，中国原油进口已达到每日840万桶（超过了美国的每日790万桶），成为世界第一大石油进口国。而且中国的原油进口渠道和原油来源都比较集中，一旦运输渠道出现问题，或者产油国停止向中国输出石油，中国的石油储备可以维持多久呢？这关乎国家能源安全和稳定的大局！

四、中国石油炼化产业发展趋势

1. 中国石油炼化企业面临的压力

截至2016年底，中国炼油能力为7.5亿吨/年，产业规模跻身世界行列，炼油产量位居世界第二。然而，2016年，我国成品油供过于求约3000万吨，预计2020年该数字将升至8300万吨。

目前，中国有炼油企业360多家，分散布局于除西藏、贵州、山西和重庆以外的其他省市和自治区，平均产能229万吨，低于742万吨的世界平均水平，其落后产能过剩，先进产能不足，产业的集约化程度低。

2. 国际石油部分炼化企业的借鉴

（1）国际石油炼化的集群化。

美国52%的炼油能力、95%的乙烯能力集中在墨西哥湾地区；日本85%的炼油能力、89%的乙烯能力分布于太平洋沿岸区域。

（2）国际石油炼化的规模化。

截至2016年，世界范围内年产2000万吨以上的炼厂有22个，中国仅有2个，分别是产能2300万吨的中国石化镇海炼化和产能2050万吨的中国石油大连石化。

3. 石油炼化企业的一体化、规模化、集群化发展趋势

目前中国石油炼化产业结构正处于调整期。具体表现为，传统石化产品产能（如基础化学原料等）增速放缓；高端石化产品（合成材料、专业化学品、精细化学品等）引领增长。布局结构方面，产业集群化调整主要集中于沿海地区。逐步走上了石油炼化企业一体化、规模化、集群化发展的道路（见表13-4-1），已经按照"放弃低端产能、增加高端产能"的布局，逐渐优化资源、优化产业结构。

表13-4-1 "十三五"部分新建、改扩建炼油项目

投产年份	企业名称	所属集团	炼能变化 （万吨/年）	新增能力 （万吨/年）	区域	备注
2017	华北石化	中国石化	500→1000	500	华中	改扩建
	惠炼二期	中国海油	1200→2200	1000	华南	改扩建
2018	华锦石化	中国兵器	600→1000	400	东北	已获批建设
	泉州石化	中国中化	1200→1500	300	华南	已获批建设
	曹妃甸石化	中国石化	0→1500	1500	华北	已获批建设
	恒力石化	大连恒力	0→2000	2000	东北	民营，已获批建设
2019	荆门石化	中国石化	550→1000	450	华中	环评
	华锦石化	中国兵器	0→1500	1500	东北	新建，已获批建设
	盛宏石化	江苏盛宏	0→1600	1600	华东	民营，已获批建设
2020	古雷石化	中国石化	0→1600	1600	华南	2018年部分投产
	庆阳石化	中国石油	300→600	300	西北	改扩建
	大榭石化	中国海油	800→1400	600	华东	千万吨级改扩建
	中科大炼油	中国石化	0→1500	1500	华南	缓建
	舟山石化一期	中国石化等	0→1500	1500	华东	合资，已获批建设

　　当然，并不是实施了一体化就可以立即提升企业的效益，还有重要的问题是，必须实现产品的差异化，避免重复建设而浪费资源。对于炼化企业来说，产品结构优化是一个依据市场需求变化而不断调整的恒久课题，是企业立于不败之地的保障。

五、中国海洋石油工业体系发展思路

（一）海洋石油工业体系特点

1. 海洋石油工业的高风险特性

　　海洋石油工业所处的环境复杂多变，台风与海流破坏，以及地质地貌条件恶劣，这都决定了其生产的高风险特性。

2. 海洋石油工业的高投入特性

　　海洋石油工业所需要的装备费、技术工作费、作业费用均巨大，具高投入特性。

3. 海洋石油工业的高科技特性

　　海洋石油的勘探技术、开发工程技术、防腐蚀处理技术和环境保护技术均是一系列的高技术组合，其高科技特性不言而喻。

4. 海洋石油工业的高敏感特性

由于海洋石油工业所工作的区域因历史、地理、外交政治等因素，是国际上的有争议地区，对于类似争议区的丰富石油的勘探开发，不仅需要海洋石油的专业技术，同时还必须要通过使用政治和外交智慧，来开发海洋和维护自身的海洋权益。因此，海洋石油工业是高敏感行业。

（二）中国海洋石油工业体系的整改思路

海洋石油的高风险、高科技、高投入和高敏感特性，因此，决定了中国海洋石油工业体系必须有一个科学、完善、安全和高效的运行体系，才能在国际海洋石油舞台上立于不败之地。

（1）首要负责人为主的科学决策体系。

（2）生产、科研、使用有机结合的研发体系。

（3）专业、科学、灵活且实用的管理体系。

（三）中国海洋石油工业体系的近远期目标

1. 稳定国内市场并开发近海深部石油资源

（1）加快近海的深层勘探，争取在渤海、东海和黄海的深部实现突破。

（2）加大南海深水的油气勘探力度，在现有的勘探基础上，争取在南海中南部实施油气勘探开发，以持续发现南海的丰富海洋油气资源。

2. 继续拓展海外市场扩大国际竞争力

中国海油海外油气勘探累计发现权益可采储量为：2.2×10^8米^3，成果显著。下一步，充分应用已有的开拓国际市场的成功经验，在"一带一路"倡议指引下，整合、优化海外力量，以扩大中国海油在国际市场的竞争力。

六、中国海洋石油污染的危机防控体系

近年来我国的海洋石油勘探开发中的溢油污染事故，暴露出我国管理体制上的弊端。要改善现在的被动局面，必须从以下4个方面进行改进：

（1）建立、健全海洋勘探开发的石油污染事件的防控机制。

（2）建立和完善海洋石油污染的风险预评估机制。

（3）建立和完善石油污染的处置规范及环保指标。

（4）建立和完善石油开采的污染应急处理机制。

参考文献

［1］陈宾雁.浅析石油化工企业安全生产问题及对策［J］.经营管理，2012.02 Vol.259：133-134.

［2］陈进娥，何顺利，刘广峰.我国海洋石油勘探开发装备现状及发展趋势［J］.油气藏评价与开发，2012.12 Vol.2（6）：67-71.

［3］陈胜利，兰志刚，宋积文.海洋石油平台的腐蚀监测技术［J］.全面腐蚀控制，2010.6 Vol.24（6）：22-25.

［4］陈周锡，游小艇.中石油首次出击海洋石油产业—中石油海洋工程基地项目正式落户宁波象山［J］.中国矿业报，2006，7（1）.

［5］褚家成，徐连胜，蒋平昌，等.港口石油化工码头及其库区灾害事故应急系统研究［J］.中国安全科学学报，2007.1 Vol.17（1）：148-155.

［6］董远忠.我国海洋石油钻井平台技术和设备的发展趋势［J］.经济管理，2013.5（下）238-239.

［7］杜红岩，王延平，卢均臣.2012年国内外石油化工行业事故统计分析［J］.中国安全生产科学技术，2013.6 Vol.9（6）：184-188.

［8］冯琦.浅论海洋石油钻井现状与技术发展［J］.中国化工贸易，2012.

［9］高德利，朱旺喜，李军，等.深水油气工程科学问题与技术瓶颈［J］.中国基础科学，2016（3）：1-6.

［10］郭莉,于干.我国聚甲醛的生产和应用［J］.石油化工应用，2008年.

［11］郭越，宋维玲.海洋油气助推中国经济发展［J］.海洋经济，2011，1（2）.

［12］韩正伟.浅议石油炼化装置自动化检测仪表安装工程管理［J］.中国科技信息，2012.Vol.8：34.

［13］胡国艺，姜伟，刘峰松，等.大力加强我国海洋石油勘探开发安全与陆上油气储运安全工作的建议［J］.电工电能新技术，2012.4 Vol.31（2）：1-10.

［14］胡晓良.我国石油化工企业的国际竞争力分析［J］.当代石油石化，2002.4 Vol.10（4）：16-35.

［15］黄建平.海洋石油污染的危害及防治对策［J］.技术与市场，2014.Vol.21（1）：129-132.

［16］江怀友，潘继平，邵奎龙，等.世界海洋油气资源勘探现状［J］.中国石油企业，2008，（3）.

［17］姜伟.中国海洋石油深水钻完井技术［J］.石油钻采工艺，2015.1 Vol.37（1）：1-4.

［18］金秋，张国忠.世界海洋油气开发现状及前景展望［J］.国际石油经济，2005.Vol.13（3）.

［19］李汉韬.原始大气的演变与石油天然气的形成［J］.地质地球化学，2001.Vol.29
（2）：104-108.

［20］李飞.对我国石油安全战略的几点思考［J］.世界经济与政治论坛，2003.（6）：76-80.

［21］李鸿飞.海底石油管线使用中的维护和检测技术探讨［J］.化工管理，2013.（8）：106.

［22］李林捷.2015年海洋石油勘探行业分析［J］.现代经济信息，2015.（22）：324.

［23］李莹莹.世界石油天然气领域现状及前景分析［J］.中国能源，2011.7 Vol.33（7）：
30-33.

［24］刘慧杰，张虎山.海洋石油污染及治理措施［J］.广州环境科学，2012.12 Vol.27（4）：
35-38.

［25］刘璐，包不弱，欧吉兵.解读"马六甲困局"——试论中国石油运输安全战略［J］.经
纪人学报，2006.（1）：79-81.

［26］李绪宣，朱振宇，张金森.中国海油地震勘探技术进展与发展方向［J］.中国海上油
气，2016.2 Vol.28（1）：1-12.

［27］李志传，高松.国际石油体系的形成、发展与展望［J］.国际石油经济，2012.Vol.20
（7）：112-117.

［28］刘红兵，陈国明，吕涛，等.大型海洋石油平台风振响应［J］.石油勘探与开发，2016.8
Vol.43（4）：647-655.

［29］刘合，杨清海，裴晓含，等.石油工程仿生学应用现状及展望［J］.石油学报，2016.2
Vol.37（2）：273-279.

［30］吕建中，郭晓霞，杨金华.深水油气勘探开发技术发展现状及趋势［J］.石油钻采工
艺，2015.1 Vol.37（1）：13-18.

［31］潘继平，张大伟，岳来群.全球海洋油气勘探开发状况与发展趋势［J］.国土资源情
报，2006.（7）.

［32］钱松.海洋石油——石油生产增长的潜力所在［J］.中国石油和化工经济分析，
2006.1：43-49.

［33］乔卫杰，黄文辉，江怀友.国外海洋油气勘探方法浅述［J］.资源与产业，2009.11
（1）.

［34］石渡良志.石油形成理论起源说的最新进展［J］.化学的领域，1976.Vol.30（1）：
34-42.

［35］苏斌，冯连勇，王思聪，等.世界海洋石油工业现状和发展趋势［J］.中国石油企业，
2005：138-141.

［36］汪焕心.使用环保的生物塑料（PHA等）减少对石油的过度依赖［J］广州化工，2009.
Vol.37（7）：1-2.

［37］V . Ya. T rostsyuk . 全球海洋中—新生代沉积层内石油形成的地球化学依据［J］.陈伟国，译，Intermat. Geol. Rev.，1980. Vol.22（7）：1-7.

［38］王定亚，朱安达. 海洋石油装备现状分析与国产化发展方向［J］.石油机械，2014. Vol.42（3）：33-37.

［39］王定亚，王进全. 浅谈我国海洋石油装备技术现状及发展前景［J］.石油机械，2009. Vol.37（9）：136-139.

［40］王孙. 应关注FLNG在中国南海的发展机遇［J］.中国船舶报，2014.12.10（4）.

［41］王鹏翅.中国石油化工产业现状及竞争力分析［J］.科技信息，2008.（12）：315.

［42］王灵碧，葛云华. 国际石油工程技术发展态势及应对策略［J］.石油科技论坛，2015.（4）：11-19.

［43］王勇，戴兵，高军伟.废弃海洋石油平台的拆除［J］.机械工程，2010.（1）：134-136.

［44］王铁，马涛.论石油化工企业安全生产管理［J］.经济研究导刊，2010.（19）：24-25.

［45］汪颖.世界石油运输航线分析［J］.世界海运，1998.（1）：10-11.

［46］吴绩新.里海BTC石油管道与中国石油安全［J］.中国石油大学学报（社会科学版），2006.4 Vol.22（2）：1-5.

［47］吴慧琴，胡家项，方昆，等. 海洋石油勘探开发对海洋生物的影响及防治对策［J］.中国水运，2011.3 Vol.11（3）：131-132.

［48］谢青青. 开发太阳能在石油工业中的使用价值［J］.中外能源，2015. Vol.20：42-45.

［49］徐建伟，葛岳静. 俄罗斯太平洋石油管道建设的地缘政治分析［J］.东北亚论坛，2011.（4）：51-62.

［50］徐泽夕，王晓明，姚亚峰，等.改性聚甲醛在煤矿井下的应用前景［J］.塑料工业，2012年.

［51］杨金华，郭晓霞. 世界深水油气勘探开发态势及启示［J］.石油科技论坛，2014（5）：49-55.

［52］杨永华.石油资源的使用与环境质量关系研究［J］.中国石油和化工标准与质量，2007.（6）：46-48.

［53］姚新国，朱颖. 全球化背景下我国石油产业可持续发展问题探讨［J］.中国矿业，2008.5 Vol.17（5）：5-8.

［54］由然.海洋油气增长—高峰可期［J］.中国石油企业，2010.（12）.

［55］俞树荣，何鑫业，刘展，等. 海洋石油管道失效可能性及失效后果权重［J］.油气储运，2015.8（8）：896-900.

［56］张明.石油运输对我国海洋污染的分析与对策［J］.中国环境管理，2011.（2）：38-41.

［57］张鸣治.中国海洋石油工业的发展战略［J］.中国海上油气（工程），1998.2 Vol.10（1）：3-8.

［58］张之一.关于石油深部起源地若干问题［J］.新疆石油地质，2006.2 Vol.27（1）：112-117.

［59］郑鹏.中国海洋资源开发与管理态势分析［J］.农业经济管理，2012.（5）：81-86.

［60］周守为,李清平,朱海山，等.海洋能源勘探开发技术现状与展望［J］.中国工程科学，2016年第18卷第2期：19-31.

［61］朱伟林.中国近海油气勘探的回顾与思考［J］.中国工程科学，2011.13（5）.

［62］国家海洋局.中国海洋统计年鉴2006［M］.北京：海洋出版社，2006.

［63］国家海洋局海洋发展战略研究所课题组.中国海洋发展报告2011［M］.北京：海洋出版社，2011.

［64］国家海洋局.2012年中国海洋经济统计公报［R］.北京：海洋出版社，2012.

［65］国家海洋局.2013年中国海洋经济统计公报［R］.北京：海洋出版社，2013.

［66］国家海洋局.2014年中国海洋经济统计公报［R］.北京：海洋出版社，2014.

［67］国家海洋局.2015年中国海洋经济统计公报［R］.北京：海洋出版社，2015.

［68］国家海洋局.2016年中国海洋经济统计公报［R］.北京：海洋出版社，2016.

［69］陈建兵.深水探井钻井工程设计方法［M］.北京：石油工业出版社，2014.

［70］何汉漪.海上地震资料高分辨率处理技术论文集［M］.北京：地质出版社，2001.

［71］Gijs J. O. Vermeer.三维地震勘探设计［M］.李培明,何永清，译.北京：石油工业出版社，2008.

［72］蒋长春,李毅.采气员工技术问答［M］.北京：石油工业出版社，2011.

［73］迈克尔·埃克诺米迪斯,罗纳德·奥利格尼.石油的色彩［M］.刘振武,习顺,张镇，译.北京：石油工业出版社，2002.

［74］李丕龙,宋玉龙,王新红，等.滩浅海地区高精度地震勘探技术［M］.北京：油工业出版社，2006.

［75］陆基孟.地震勘探原理［M］.北京：石油工业出版社，1993.

［76］罗伯特·格雷斯.石油—世界石油工业综述［M］.冷鹏华,刘胜英，译.北京：石油工业出版社，2012.

［77］罗伯特·L.埃文斯.未来能源［M］.王大锐，译.北京：石油工业出版社，2009.

［78］迈克尔·伊科诺米迪斯,谢西娜.能源—中国发展的瓶颈［M］.陈卫东,孟凡奇，译.北京：石油工业出版社，2016.

［79］孙昱东.石油及石油产品基础知识［M］.北京：石油工业出版社，2013.

［80］石永春,王文娟.油库安全工程［M］.北京：石油工业出版社，2013.

［81］渥·伊尔马滋.地震资料分析—地震资料处理、反演和解释［M］.刘怀山,曹孟起,张进等，译.北京：石油工业出版社，2006.

［82］王福生，崔树清 . 钻井地质［M］. 北京：石油工业出版社，2008.

［83］王才良，周珊 . 世界石油史话——石油风云故事［M］. 北京：石油工业出版社，2006.

［84］王振东 . 浅层地震勘探应用技术［M］. 北京：地质出版社，1988.

［85］熊友明，唐海雄 . 海洋油气工程概论［M］. 北京：石油工业出版社，2013.

［86］熊翥 . 复杂地区地震数据处理思路［M］. 北京：石油工业出版社，2002.

［87］徐建山 . 石油的轨迹［M］. 北京：石油工业出版社，2012.

［88］易远元 . 勘探地震学学习指南［M］. 北京：石油工业出版社，2012.

［89］伊科诺米迪斯，奥里戈尼 . 石油的颜色［M］. 苏晓宇，译 . 北京：华夏出版社，2010.

［90］赵相泽，魏学敬 . 定向钻井技术与作业指南［M］. 北京：石油工业出版社，2012.

［91］中国石油天然气总公司勘探局 . 地震勘探新技术［M］. 北京：石油工业出版社，1999.

［92］紫翰，晓平 . 石油大王洛克菲勒［M］. 天津：新蕾出版社，2010.

［93］朱广生，陈传仁，桂志先 . 勘探地震学教程［M］. 武汉：武汉大学出版社，2005.

［94］董利科 . 太阳能发电技术综述［EB/OL］.（20170105）（20170326），www.
　　　 wanfangdata.com.cn.

［95］赵萌萌，胡琴洪，杨大勇，等 . 分布式光伏并网方案研究［EB/OL］.（20160624）
　　　（20170415）www.wanfangdata.com.cn.

［96］张耀明 . 中国太阳能光伏发电产业的现状与前景［J］. 上海节能，2006（6）：19-25.

［97］华凌 . 水下涡轮机"激发"潮汐发电测试成功［EB/OL］.（20120522）（20170420）
　　　 world.huanqiu.com.

［98］刘瑾 . 我国潮汐发电开发加快污染成本低前景大好［EB/OL］.（20111025）
　　　（20170420）www.chinanews.com.

［99］顾忠茂 . 氢能利用与核能制氢研究开发综述［J］. 原子能科技技术，2006，40（1）：
　　　 30-35.

［100］徐步朝，张延飞，花明 . 低碳背景下中国核能发展的模式与路径分析［J］. 资源科
　　　 学，2010，32（11）：2186-2191.

［101］边刚，刘雁春，卞光浪 . 海洋磁力测量中多站地磁日变改正值计算方法研究［J］. 地
　　　 球物理学报，2009，52（10）：2613-2618.

［102］傅汝毅 . 石油炼化工艺的催化重整反应探究［J］. 工程技术，2017，14（1）：
　　　 148-148.

［103］方振春 . 渤海2号翻沉真相［EB/OL］.（2013-12-25）（2017-06-01）. http://www.
　　　 chinacpc.com.cn.

［104］1989年黄岛油库爆炸事件［EB/OL］.（2013-10-16）［2017-06-05］. http://baike.baidu.com.

［105］雷滢 . 官方通报大连输油管道爆炸事故，原因初步查明［EB/OL］.（2010-07-23）

　　　［2017-06-05］. http://news.china.com.cn.

［106］陈炜伟. 青岛输油管爆炸事件［EB/OL］.（2014-01-11）［2017-06-05］. http://www.
　　　xinhuanet.com.

［107］朱伟林，张功成，钟铠. 中国海洋石油总公司"十二五"油气勘探进展及"十三五"
　　　展望［J］.中国石油勘探，2016，21（4）：1-12.

［108］谢玉洪. 中国海洋石油总公司油气勘探新进展及展望［J］.中国石油勘探，2018，23
　　　（1）：26-35.

［109］侯涛. 构建海洋石油开采溢油危机防控体系之我见［J］.环境保护科学，2016，42
　　　（3）：159-162.

［110］傅成玉. 中国海洋石油勘探开发科技创新体系建设［J］.中国工程科学，2011，13
　　　（8）：15-21.